比例・反比例習熟プリント

比例

反比例

まえがき

比例・反比例の単元は、小学校６年生で学習します。それまでは、倍数の問題として、ともなって変わる量を学習します。５年生でも簡単な比例をほんの少しだけ学習しますが、本格的に学習するのは６年生からになります。

これらの内容は、小学校の勉強だけでおわりではなく、中学・高校の単元で、関数として統一的に扱われていきます。いわば、大きな建物を建てるときの土台のような、とても重要な教材です。

本書は、この重要教材を確実に習熟してもらうために、１つひとつの内容をていねいに解説し、練習できるように編集しました。

たとえば、比例の表について考えてみましょう。

〈表を横に見る〉

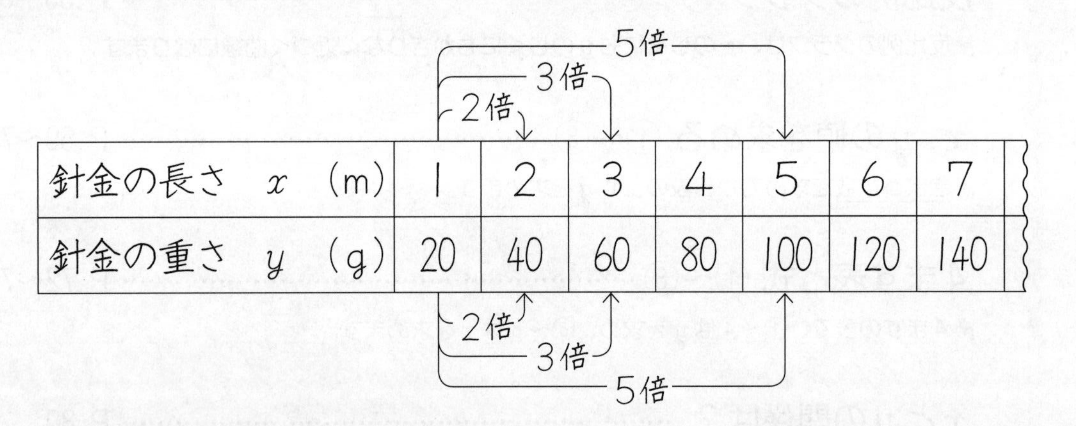

針金の長さ　x　(m)	1	2	3	4	5	6	7
針金の重さ　y　(g)	20	40	60	80	100	120	140

表を横に見ると、xの値が２倍、３倍……になると、それにともなって、yの値も２倍、３倍……となっていることがわかります。このような関係があるとき、yはxに比例するといいます。これが小学校で習う比例の定義です。

つぎに、

〈表を縦に見る〉

針金の長さ　x　(m)	1	2	3	4	5	6	7
針金の重さ　y　(g)	20	40	60	80	100	120	140
$y \div x$	20	20	20	20	20	20	20

$y \div x$の値は、きまった数（定数）になります。比例にはこのような性質もあることが表を縦に見るとわかります。そして、このきまった数を比例定数aとして　$y = a \times x$　と表すことができます。これは中学校での定義です。

本書では、このような性質を１つひとつ身につけながら、学習を進めることができます。

また、先生からの学習のポイントや、生徒がかく学習感想、わかったことの欄を今回は設けました。必ず使用しないといけないものではありませんが、学習したことをふり返るときなどにご活用ください。

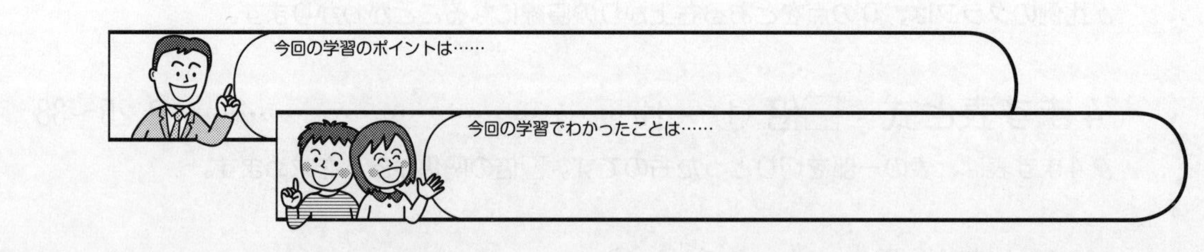

本書を十分活用されて、すべての子どもたちが比例・反比例の内容をしっかり身につけられることを祈っています。

2015年１月　　三木　俊一

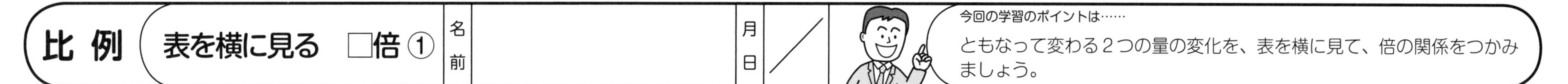

比 例　表を横に見る　□倍 ①

名前　　月　日

今回の学習のポイントは……
ともなって変わる２つの量の変化を、表を横に見て、倍の関係をつかみましょう。

1　次の表は、画用紙の枚数（まいすう）とそれに対応する代金を表しています。

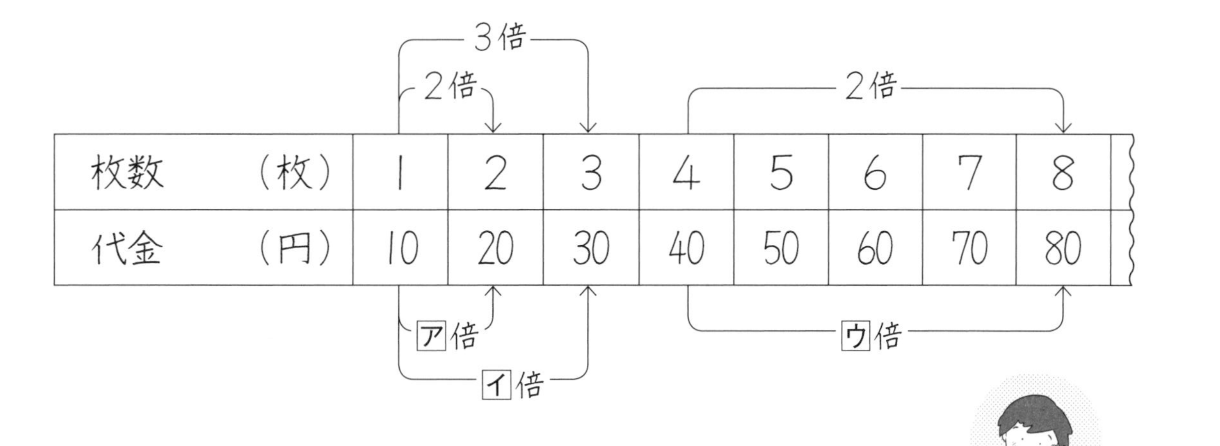

枚数　（枚）	1	2	3	4	5	6	7	8
代金　（円）	10	20	30	40	50	60	70	80

・アイウは、それぞれもとの数の何倍ですか。

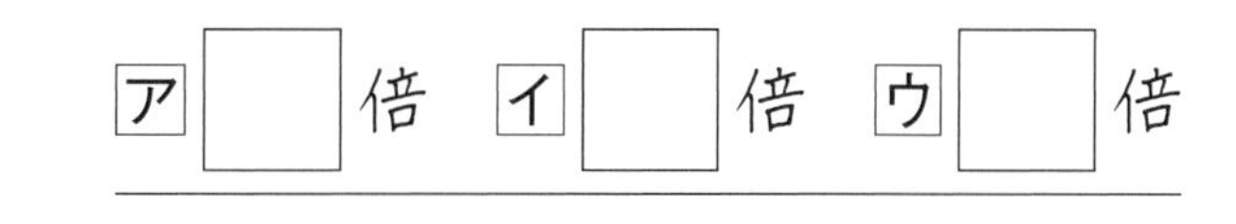

ア□倍　イ□倍　ウ□倍

2　次の表は、色画用紙の枚数とそれに対応する代金を表しています。

・□にそれぞれもとの数の何倍になるかをかきましょう。

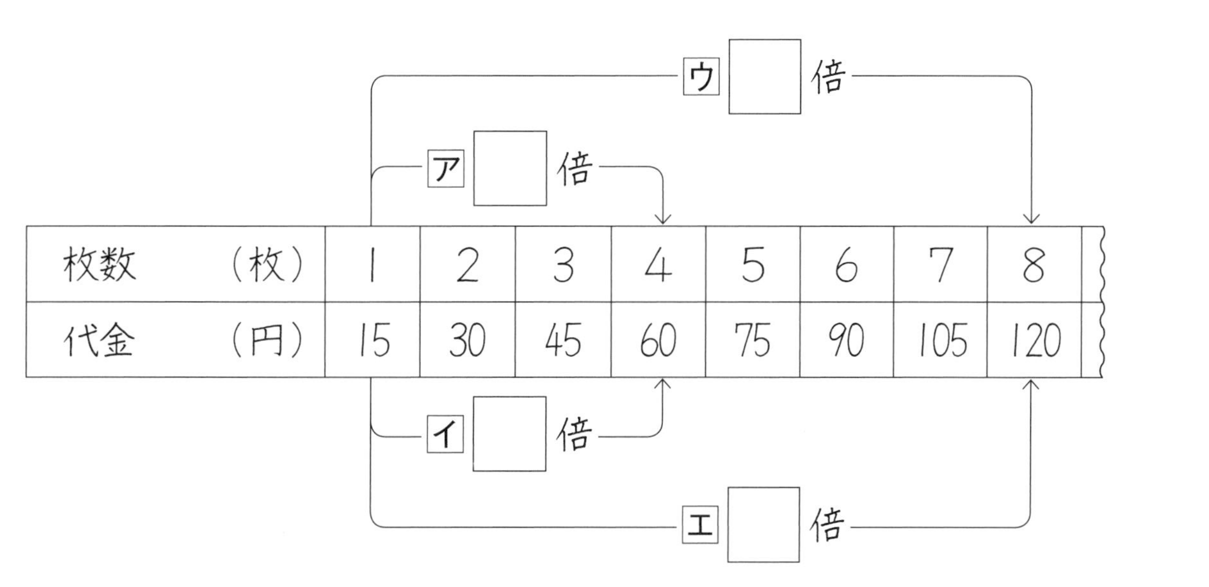

枚数　（枚）	1	2	3	4	5	6	7	8
代金　（円）	15	30	45	60	75	90	105	120

3　次の表は、はがきの枚数とそれに対応する重さを表しています。

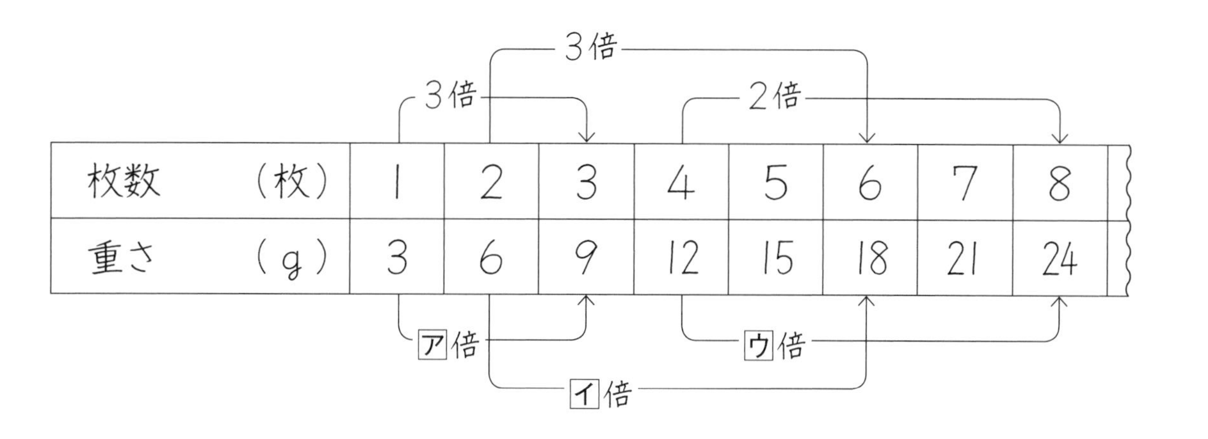

枚数　（枚）	1	2	3	4	5	6	7	8
重さ　（g）	3	6	9	12	15	18	21	24

・アイウは、それぞれもとの数の何倍ですか。

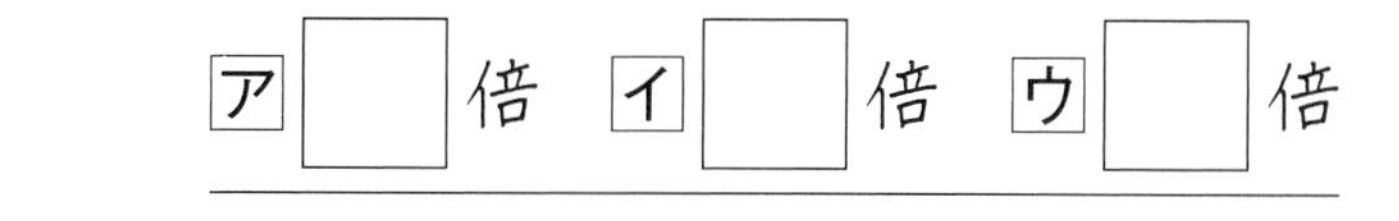

ア□倍　イ□倍　ウ□倍

4　次の表は、えん筆の本数とそれに対応する重さを表しています。

・□にそれぞれもとの数の何倍になるかをかきましょう。

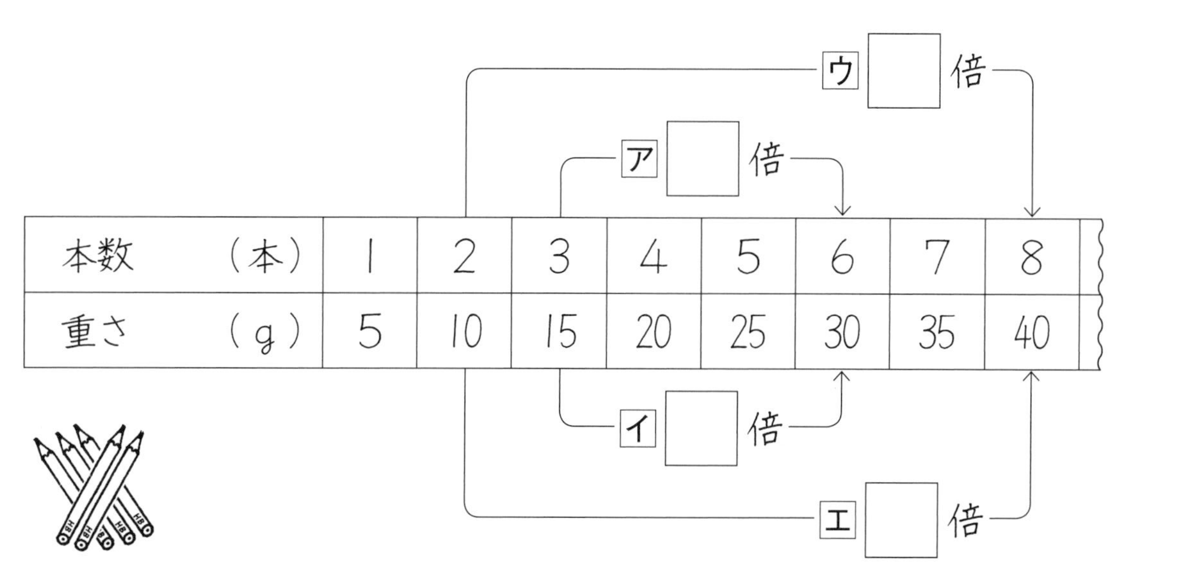

本数　（本）	1	2	3	4	5	6	7	8
重さ　（g）	5	10	15	20	25	30	35	40

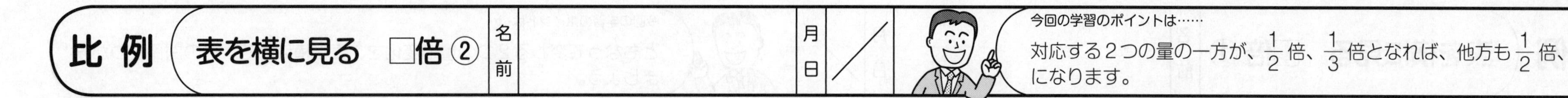

比例　表を横に見る　□倍②

名前　　　月　日

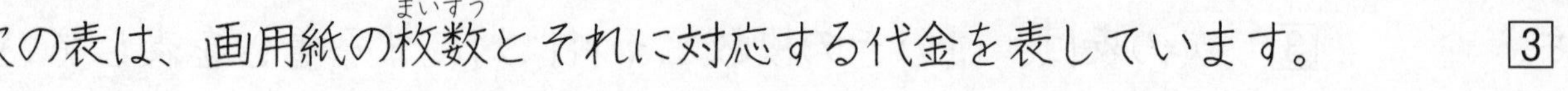

1　次の表は、画用紙の枚数（まいすう）とそれに対応する代金を表しています。

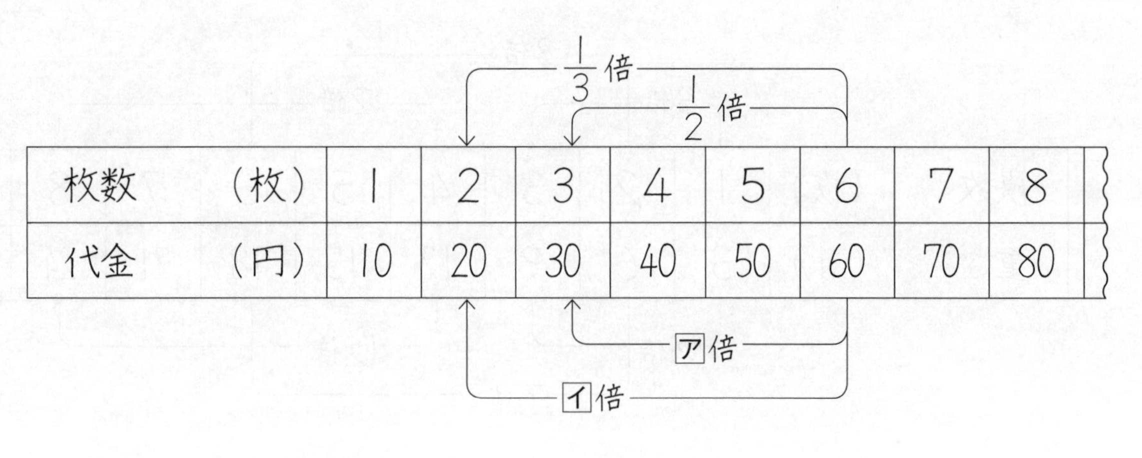

枚数　（枚）	1	2	3	4	5	6	7	8
代金　（円）	10	20	30	40	50	60	70	80

・アイは、それぞれもとの数の何倍ですか。

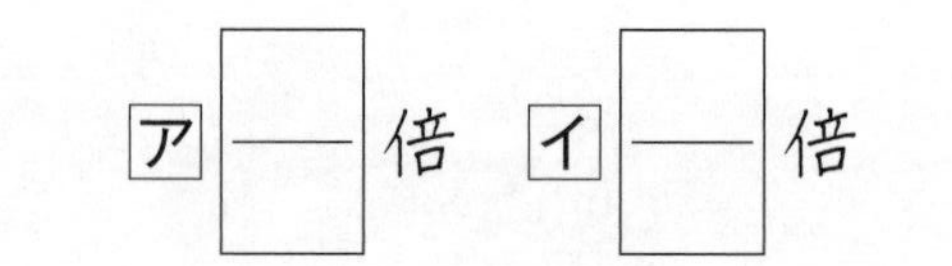

2　次の表は、千代紙（ちよがみ）の枚数とそれに対応する代金を表しています。

・□にそれぞれもとの数の何倍になるかをかきましょう。

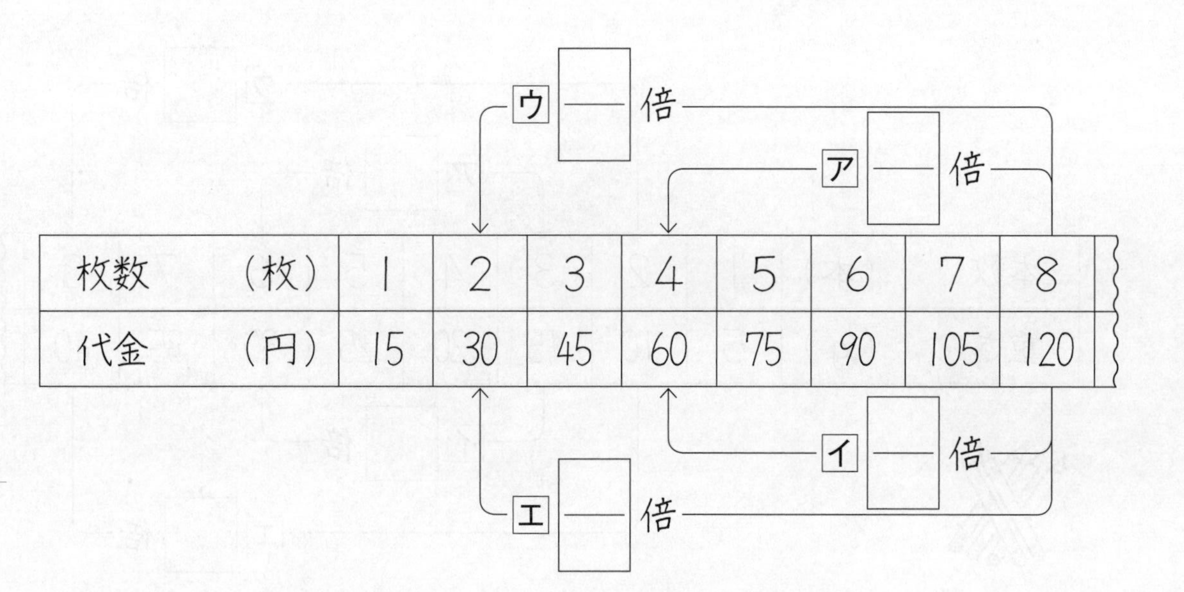

枚数　（枚）	1	2	3	4	5	6	7	8
代金　（円）	15	30	45	60	75	90	105	120

3　次の表は、はがきの枚数とそれに対応する重さを表しています。

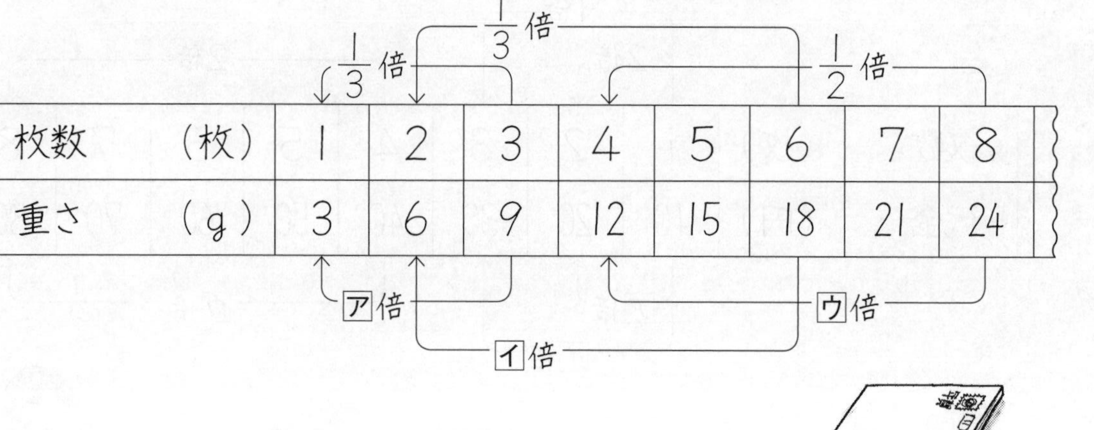

枚数　（枚）	1	2	3	4	5	6	7	8
重さ　（g）	3	6	9	12	15	18	21	24

・アイウは、それぞれもとの数の何倍ですか。

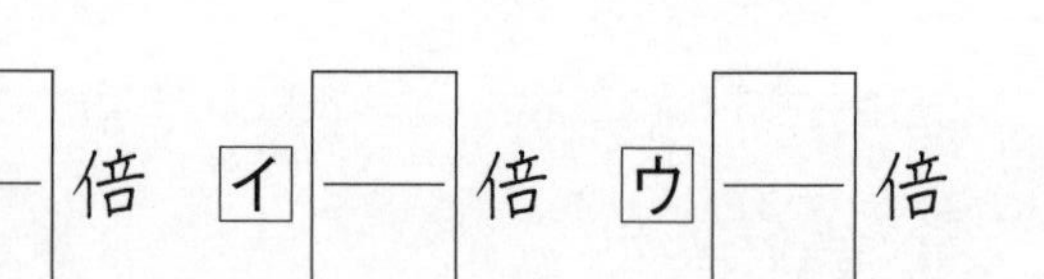

ア　倍　イ　倍　ウ　倍

4　次の表は、色えん筆の本数とそれに対応する重さを表しています。

・□にそれぞれもとの数の何倍になるかをかきましょう。

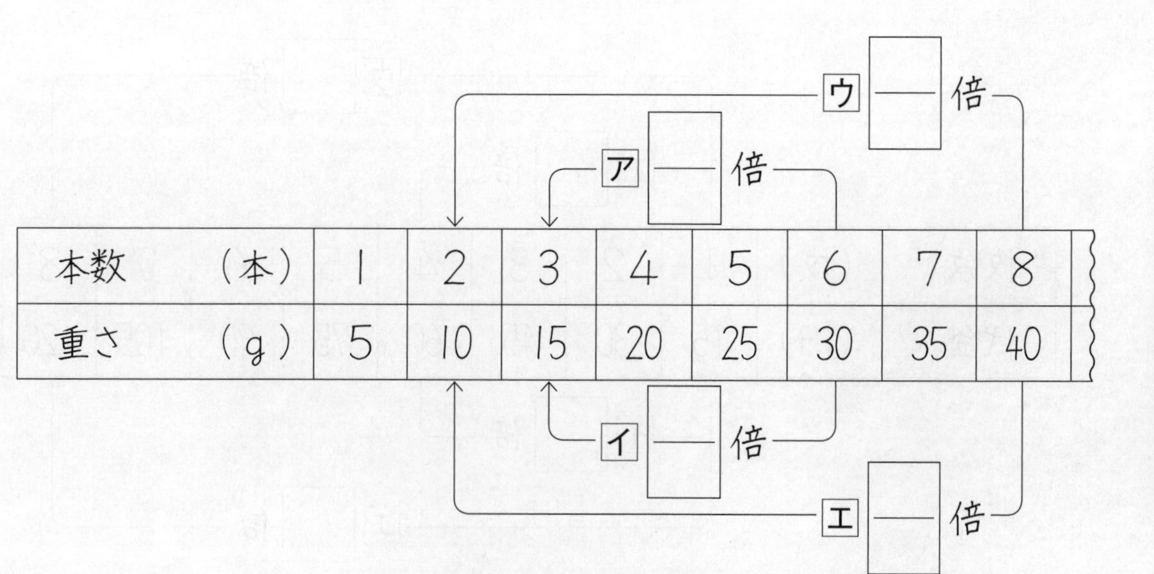

本数　（本）	1	2	3	4	5	6	7	8
重さ　（g）	5	10	15	20	25	30	35	40

比例　表を横に見る　□倍③

名前　　　　月　日

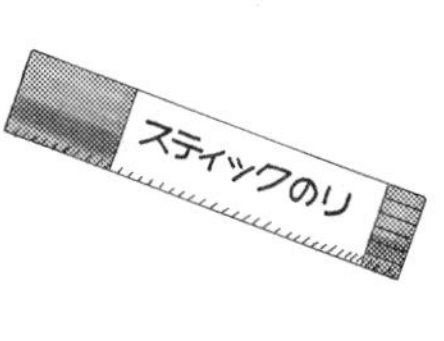

今回の学習のポイントは……
2つの量 x と y の関係を見て、表を完成させます。

次の表は、1本が50円のえん筆の本数と、それに対応する代金を表しています。

本数　x（本）	1	2	3	4	5	6
代金　y（円）	50	100	150	200	250	300

（2倍、3倍、4倍）

❀ 2つの量 x と y があって、x の値（あたい）が2倍、3倍……になると、対応する y の値も2倍、3倍……になるとき、**y は x に比例する**といいます。

1　次の表は、1本が100円の花の本数と、それに対応する代金を表しています。代金は、本数に比例しています。

本数　x（本）	1	2	3	4	5	6
代金　y（円）	100	200	300			

① 表のあいているところに、あてはまる数をかきましょう。

② x が4倍になると、y も4倍になるので400です。

　x が5倍になると、y も5倍になるので500です。

　x が6倍になると、y も6倍になるので□です。

2　次の表は、1枚が20gの厚紙の枚数（まいすう）と、それに対応する重さを表しています。重さは、枚数に比例しています。

枚数　x（枚）	1	2	3	4	5	6
重さ　y（g）	20		60			

① 表のあいているところに、あてはまる数をかきましょう。

② 厚紙4枚の重さは、何gですか。

式　20 × 4 = □

答え　　　g

3　次の表は、1本が40gのスティックのりの本数と、それに対応する重さを表しています。重さは、本数に比例しています。

本数　x（本）	1	2	3	4	5	6
重さ　y（g）	40					

① 表のあいているところに、あてはまる数をかきましょう。

② スティックのり8本の重さは、何gですか。

式　□ × □ = □

答え　　　g

次の表は、水そうに水を入れる時間とそれに対応する水の深さを表しています。

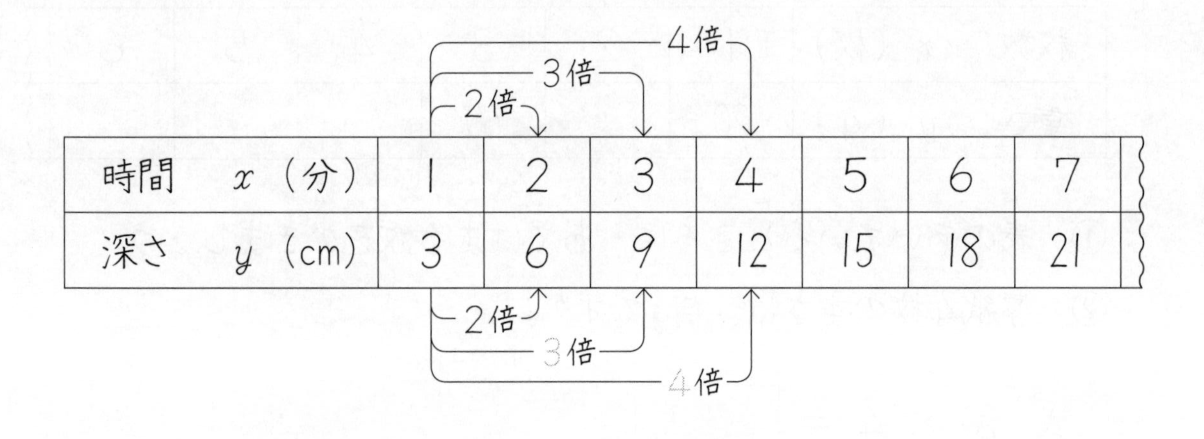

時間　x（分）	1	2	3	4	5	6	7
深さ　y（cm）	3	6	9	12	15	18	21

❀　2つの量xとyがあって、xの値(あたい)が□倍になると、対応するyの値も□倍になるとき、**yはxに比例する**といいます。

1　次の表は、針金(はりがね)の長さとそれに対応する重さを表しています。針金の重さは、針金の長さに比例しています。

長さ　x（m）	1	2	3	4	5	6	7
重さ　y（g）	20	40	60				

① 表のあいているところに、あてはまる数をかきましょう。

② xが4倍になると、yも4倍になるので80です。

xが5倍になると、yも5倍になるので100です。

xが7倍になると、yも7倍になるので□です。

2　次の表は、電車の走る時間とそれに対応する道のりを表しています。

時　間 x（時間）	1	2	3	4	5	6	7
道のり y（km）	80	160	240				

① 表のあいているところに、あてはまる数をかきましょう。

② 4時間走ると道のりは何kmですか。

式　80 × 4 = □

答え　　km

3　次の表は、自転車の走る時間とそれに対応する道のりを表しています。

時　間 x（分）	1	2	3	4	5	6	7
道のり y（m）	150						

① 表のあいているところに、あてはまる数をかきましょう。

② 家から10分走ると公園があります。
公園までの道のりは何mですか。

式　□ × □ = □

答え　　m

比例　表をかく　yを求める ①

名前　　月　日

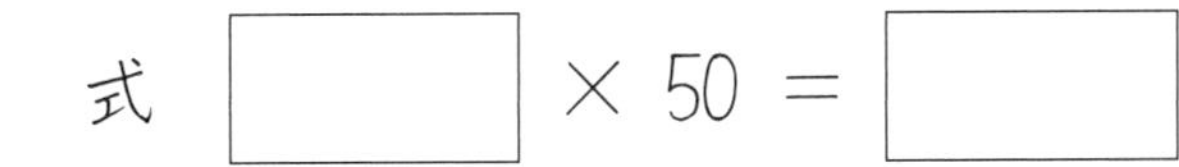

今回の学習のポイントは……
１本が40円、１冊が80円、１枚が20円、１mが30gは、単位あたりの量です。

1　次の表は、１本が40円のえん筆の本数と、それに対応する代金を表しています。代金は、本数に比例しています。

本数　x（本）	5	10	15	20	25	30
代金　y（円）	200	400				1200

① 表のあいているところに、あてはまる数をかきましょう。

② えん筆50本の代金は、何円ですか。（１本は40円です）

式　□ × 50 = □

答え　　　円

2　次の表は、１冊が80円のノートの冊数と、それに対応する代金を表しています。代金は、冊数に比例しています。

冊数　x（冊）	2	4	6	8	10	12
代金　y（円）	160				800	

① 表のあいているところに、あてはまる数をかきましょう。

② ノート30冊の代金は、何円ですか。（１冊は80円です）

式　80 × □ = □

答え　　　円

3　次の表は、１枚が20円の厚紙の枚数と、それに対応する代金を表しています。代金は、枚数に比例しています。

枚数　x（枚）	10	20	30	40	50	100
代金　y（円）	200					

① 表のあいているところに、あてはまる数をかきましょう。

② 厚紙80枚の代金は、何円ですか。（１枚は20円です）

式　□ × 80 = □

答え　　　円

4　次の表は、１mが30gの針金の長さと、それに対応する重さを表しています。重さは、長さに比例しています。

長さ　x（m）	5	10	20	35	50	70
重さ　y（g）		300				

① 表のあいているところに、あてはまる数をかきましょう。

② 針金75mの重さは、何gですか。（１mは30gです）

式　□ × □ = □

答え　　　g

比例　表をかく　yを求める②

名前　　月　日

今回の学習でわかったことは……

1　次の表は、1mが20円のリボンの長さと、それに対応する代金を表しています。代金は、長さに比例しています。

長さ　x（m）	5	10	15	20	30	40
代金　y（円）	100				600	

① 表のあいているところに、あてはまる数をかきましょう。

② 50mの代金は、何円ですか。

式　□ × 50 = □

答え　　　円

2　次の表は、秒速8mで進む船の時間と、それに対応する道のりを表しています。道のりは、時間に比例しています。

時　間　x（秒）	10	20	25	50	60	70
道のり　y（m）			200			

① 表のあいているところに、あてはまる数をかきましょう。

② 90秒では、何m進みますか。

式　8 × □ = □

答え　　　m

3　次の表は、1本が6gのくぎの本数と、それに対応する重さを表しています。重さは、本数に比例しています。

本数　x（本）	20	30	40	80	100	120
重さ　y（g）				480		

① 表のあいているところに、あてはまる数をかきましょう。

② 150本の重さは、何gですか。

式　□ × 150 = □

答え　　　g

4　次の表は、水が1分に3cmずつたまるときの水を入れる時間と、それに対応する深さを表しています。深さは、時間に比例しています。

時間　x（分）	2	4	8	16	32	64
深さ　y（cm）	6					

① 表のあいているところに、あてはまる数をかきましょう。

② 40分入れると、何cmですか。（1分で何cmかな）

式　□ × □ = □

答え　　　cm

比例　表を縦に見る　$y \div x$ ①

名前　　　月　日

今回の学習のポイントは……
x と y の量を、縦に見ると、単位あたりの量がわかります。

1 次の表は、画用紙の枚数とそれに対応する代金を表しています。

枚数　x（枚）	1	2	3	4	5	6
代金　y（円）	10	20	30	40	50	60

・表を縦に見て、代金（y）を枚数（x）でわってみましょう。

10 ÷ 1 = □　　40 ÷ 4 = □

20 ÷ 2 = □　　50 ÷ 5 = □

30 ÷ 3 = □　　60 ÷ 6 = □

2 次の表は、色画用紙の枚数とそれに対応する代金を表しています。

枚数　x（枚）	1	2	3	4	5	6
代金　y（円）	15	30	45	60	75	90
$y \div x$	15					

・表の $y \div x$ を求め、下の式の□に、数をかきましょう。

$y \div x =$ □

$y \div x$ の商の15は、色画用紙1枚が15円であるということです。

3 次の表は、はがきの枚数とそれに対応する重さを表しています。

枚数　x（枚）	1	2	3	4	5	6
重さ　y（g）	3	6	9	12	15	18
$y \div x$		3				

・表の $y \div x$ を求め、下の式の□に、数をかきましょう。

$y \div x =$ □

$y \div x$ の商の3は、はがき1枚が3gであるということです。

4 次の表は、えん筆の本数とそれに対応する重さを表しています。

本数　x（本）	1	2	3	4	5	6
重さ　y（g）	5	10	15	20	25	30
$y \div x$		5				

・表の $y \div x$ を求め、下の式の□に、数をかきましょう。

$y \div x =$ □

$y \div x$ の商の5は、えん筆1本が5gであり、きまった数となります。

比例　表を縦に見る　$y \div x$ ②

名前　　　月　日

今回の学習でわかったことは……

1　次の表は、針金（はりがね）の長さとそれに対応する重さを表しています。

長さ　x（m）	2	4	6	8	10	12
重さ　y（g）	40	80	120	160	200	240

・表を縦（たて）に見て、y を x でわってみましょう。

40 ÷ 2 = □　　　160 ÷ 8 = □

80 ÷ 4 = □　　　200 ÷ 10 = □

120 ÷ 6 = □　　　240 ÷ 12 = □

2　次の表は、紙の枚数（まいすう）とそれに対応する重さを表しています。

枚数　x（枚）	5	10	15	20	25	30
重さ　y（g）	20	40	60	80	100	120
$y \div x$	4					

・表の $y \div x$ を求め、下の式の□に、数をかきましょう。

$y \div x =$ □

$y \div x$ の商の4は、この紙１枚が4gであるということです。

3　次の表は、水そうに入れる水の量とそれに対応する水の深さを表しています。

水の量　x（L）	10	20	30	50	70	100
深さ　y（cm）	30	60	90	150	210	300
$y \div x$	3					

・表の $y \div x$ を求め、下の式の□に、数をかきましょう。

$y \div x =$ □

これは、きまった数です。

4　次の表は、水そうに水を入れる時間とそれに対応する水の深さを表しています。

時間　x（分）	3	5	10	20	40	80
深さ　y（cm）	12	20	40	80	160	320
$y \div x$						

・表の $y \div x$ を求め、下の式の□に、数をかきましょう。

$y \div x =$ □

これは、きまった数です。

比例　表をかく　きまった数①

名前　　　月　日

今回の学習のポイントは……
対応するxとyの表から、きまった数を求めます。
（y＝きまった数×x）

1　次の表は、水そうに水を入れる時間とそれに対応する水の深さを表しています。
表のあいているところに、あてはまる数をかきましょう。

時間　x（分）	1	2	3	4	5	6
深さ　y（cm）	3	6	9			
$y \div x$	3	3	3			

$y \div x$＝きまった数　きまった数は、［　　］です。

xの値（あたい）が1のときのyの値がきまった数です。

2　次の表は、針金（はりがね）の長さとそれに対応する重さを表しています。
表のあいているところに、あてはまる数をかきましょう。

長さ　x（m）	1	2	3	4	5	6
重さ　y（g）	20	40				

xの値が1のときのyの値（きまった数）は、［　　］です。

$y \div x$＝きまった数 ──→ **y＝きまった数×x**
y＝　20　×x

3　時速80kmで走る電車の、走る時間とそれに対応する道のりを表にしました。

xの値が1のときのyの値（きまった数）は、［　　］です。

（時速80km）

時　間　x（時間）	1	2	3	4	5	6
道のり　y（km）	80					

y＝80×xを使って、表のあいているところに、あてはまる数をかきましょう。

4　分速150mで走る自転車の、走る時間とそれに対応する道のりを表にしました。

xの値が1のときのyの値（きまった数）は、［　　］です。

（分速150m）

時　間　x（分）	1	2	3	4	5	6
道のり　y（m）						

比例の関係を表す式「y＝きまった数×x」を使って、表のあいているところに、あてはまる数をかきましょう。

比例　表をかく　きまった数 ②

名前　　　月　日

今回の学習でわかったことは……

1　次の表は、水そうに水を入れる時間とそれに対応する水の深さを表しています。
表のあいているところに、あてはまる数をかきましょう。

時間　x（分）	2	4			10	
深さ　y（cm）			24	32	40	48

$y \div x$＝きまった数　　40 ÷ 10 ＝ □

きまった数は、□ です。

2　次の表は、針金（はりがね）の長さとそれに対応する重さを表しています。
表のあいているところに、あてはまる数をかきましょう。

長さ　x（m）	5		25	30		50
重さ　y（g）	150	300			1350	

きまった数は、150 ÷ 5 ＝ □

xが80mのとき、yは何gですか。

式　30 × □ ＝ □

答え　　　g

3　次の表は、電車の走る時間とそれに対応する道のりを表しています。

（時速120km）

時　間　x（時間）	1		5			10
道のり　y（km）		240		720	1080	

きまった数は、時速120kmです。
12時間走ると道のりは、何kmですか。

式　□ × 12 ＝ □

答え　　　km

4　次の表は、自転車の走る時間とそれに対応する道のりを表しています。

（分速200m）

時　間　x（分）	1	2	4		16	
道のり　y（m）				1600		6400

きまった数は、分速200mです。
50分走ると道のりは、何mですか。

式　□ × □ ＝ □

答え　　　m

比例　表をかく　xとy①

名前　　月　日

今回の学習のポイントは……
きまった数は、xの値が1のときのyの値です。

1　正三角形の1辺の長さを$x$cm、周りの長さを$y$cmとします。

1辺の長さx（cm）	1	2	3		5	6
周りの長さy（cm）	3	6		12		

・表のあいているところに、あてはまる数をかきましょう。

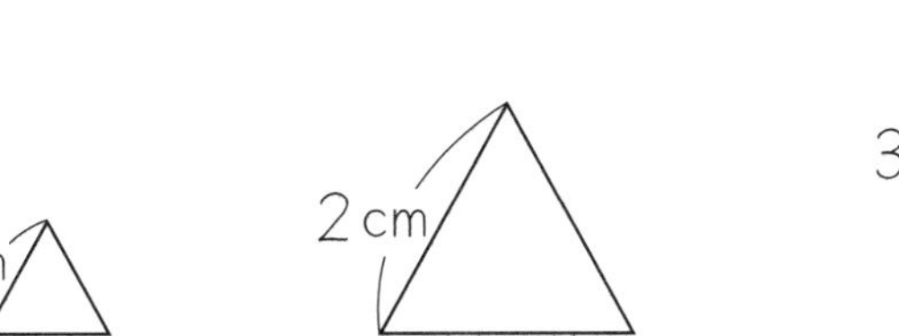

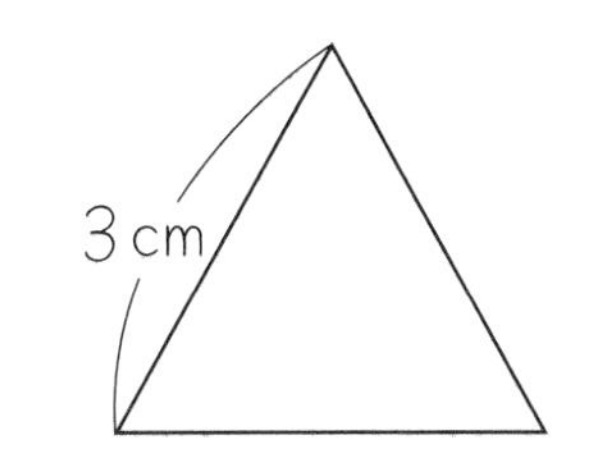

2　正方形の1辺の長さを$x$cm、周りの長さを$y$cmとします。

1辺の長さx（cm）	1	2		4		
周りの長さy（cm）	4		12		20	24

・表のあいているところに、あてはまる数をかきましょう。

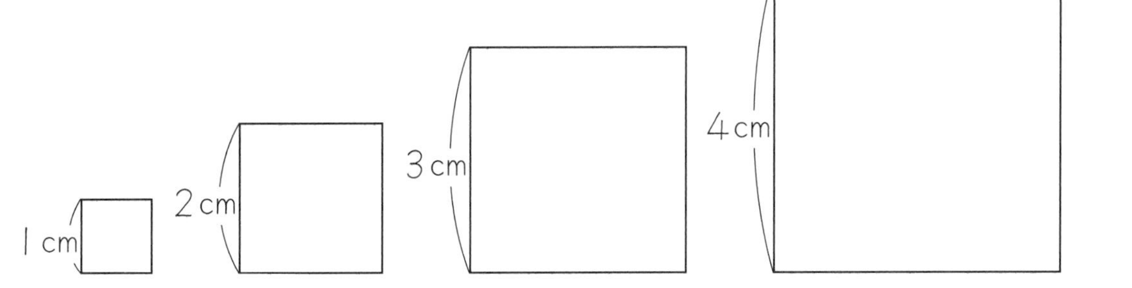

3　水そうに入れる水の量をxL、水の深さを$y$cmとします。

水の量　x（L）	1	2		4	5	
深　さ　y（cm）		10	15			30

・表のあいているところに、あてはまる数をかきましょう。

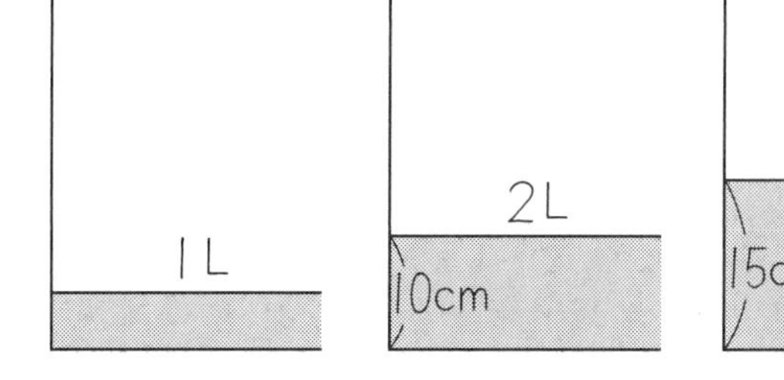

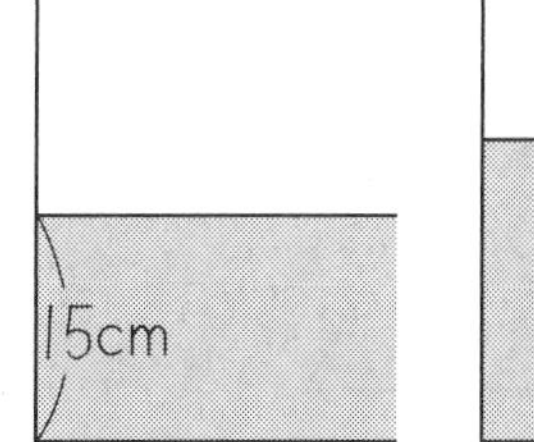
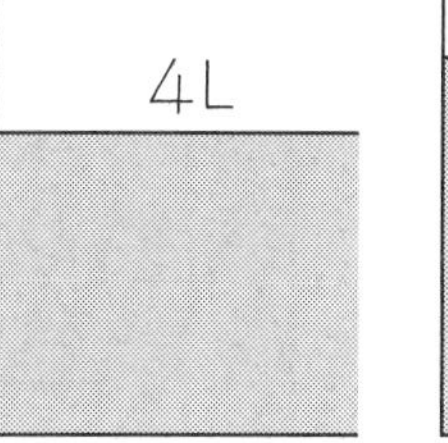

4　水そうに水を入れる時間をx分、水の深さを$y$cmとします。

時間　x（分）	1	2	3	4	5	6
深さ　y（cm）	1.5	3	4.5			

・表のあいているところに、あてはまる数をかきましょう。

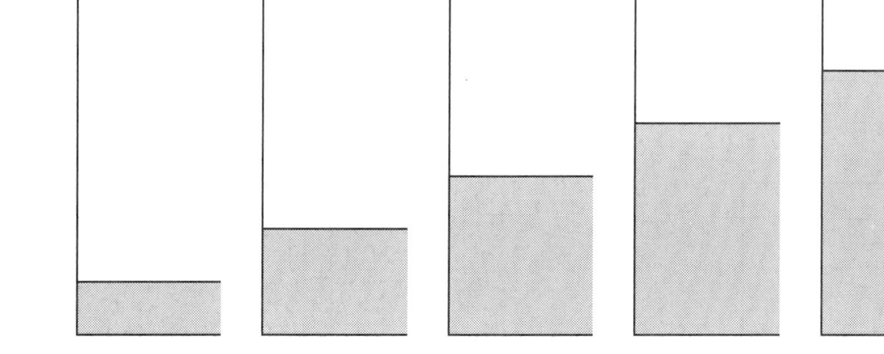

比 例　表をかく　xとy②

名前　　　　月　日

今回の学習でわかったことは……

1　正三角形の１辺の長さをx cm、周りの長さをy cmとします。

１辺の長さx（cm）	0.5	1	1.5	2	2.5	3
周りの長さy（cm）	1.5	3	4.5			

・表のあいているところに、あてはまる数をかきましょう。

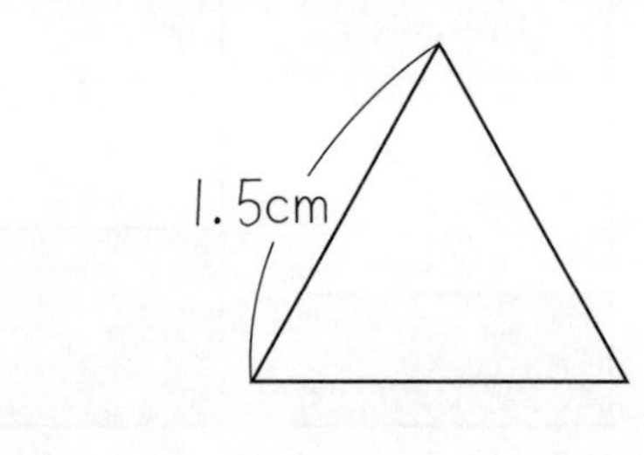

2　正方形の１辺の長さをx cm、周りの長さをy cmとします。

１辺の長さx（cm）	0.5	1	1.5	2	2.5	3
周りの長さy（cm）		4	6			

・表のあいているところに、あてはまる数をかきましょう。

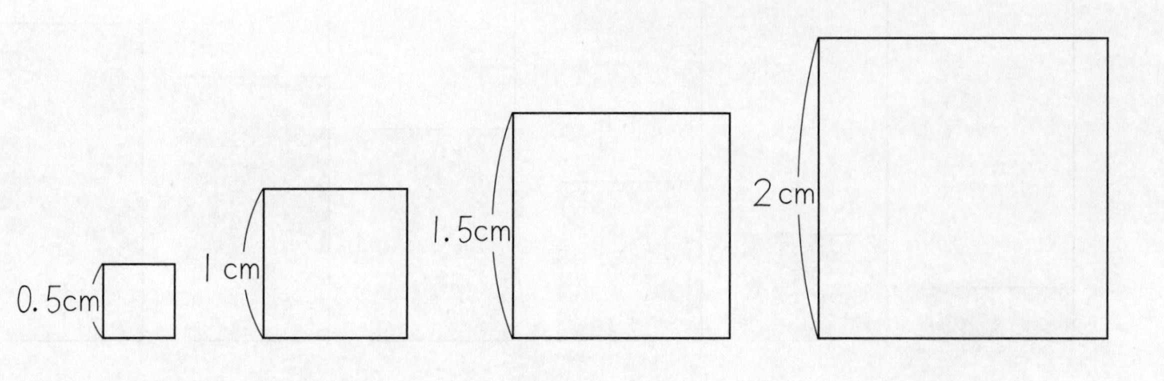

3　水そうに入れる水の量をx L、水の深さをy cmとします。

水の量　x（L）	0.5	1	1.5	2		3
深　さ　y（cm）		2			5	

・表のあいているところに、あてはまる数をかきましょう。

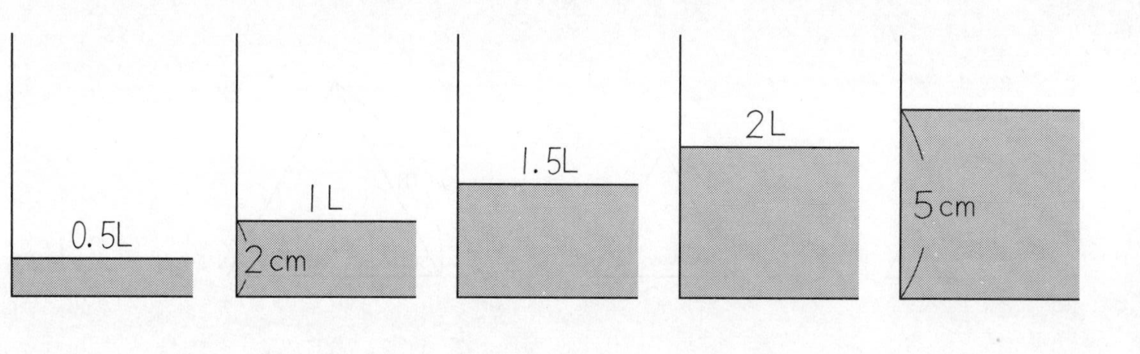

4　水そうに水を入れる時間をx分、水の深さをy cmとします。

時間　x（分）	0.5	1	1.5	2		
深さ　y（cm）	0.4	0.8	1.2		2	2.4

・表のあいているところに、あてはまる数をかきましょう。

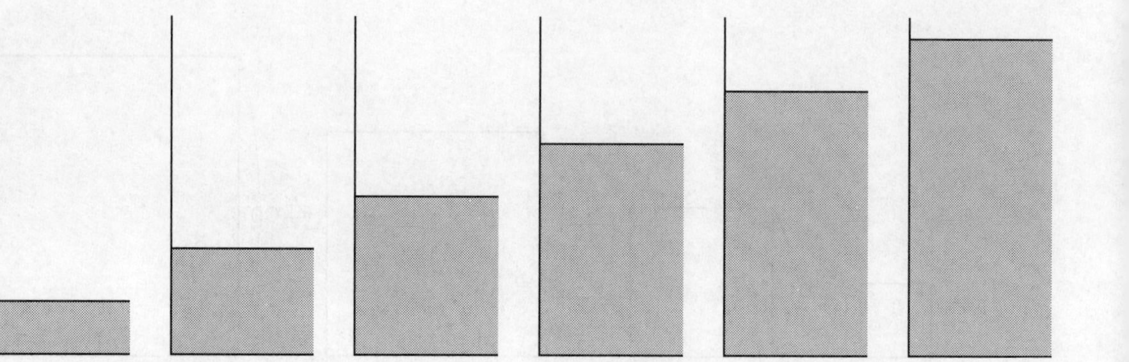

比例　表をかく　xとy③

名前

月　日

今回の学習でわかったことは……

1　高さがきまっている平行四辺形の底辺の長さを$x$cm、面積を$y$cm²とします。

2cm

1cm　2cm　3cm

・表のあいているところに、あてはまる数をかきましょう。

底辺の長さx（cm）	0.5	1	1.5	2	2.5	3
面　積y（cm²）		2				

2　高さがきまっている平行四辺形の底辺の長さを$x$cm、面積を$y$cm²とします。

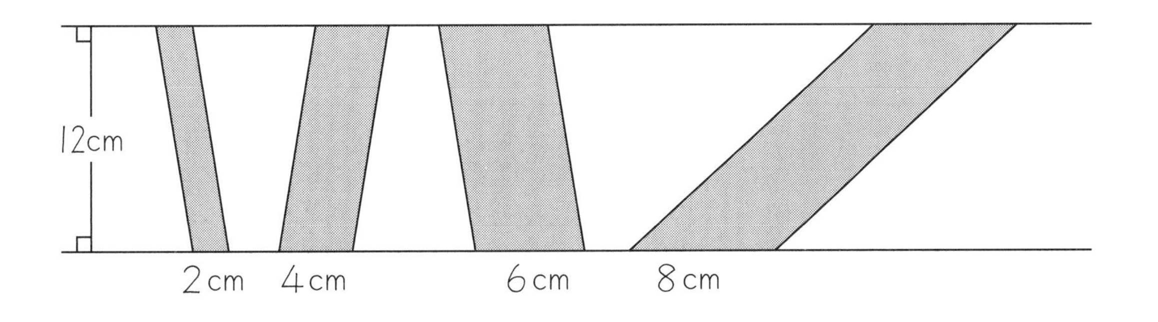

・表のあいているところに、あてはまる数をかきましょう。

底辺の長さx（cm）	2	3	4	5	6	7
面　積y（cm²）			48			

3　高さがきまっている三角形の底辺の長さを$x$cm、面積を$y$cm²とします。

4cm

2cm　4cm　6cm

・表のあいているところに、あてはまる数をかきましょう。

底辺の長さx（cm）	1	2	3	4	5	6
面　積y（cm²）		4				

4　高さがきまっている三角形の底辺の長さを$x$cm、面積を$y$cm²とします。

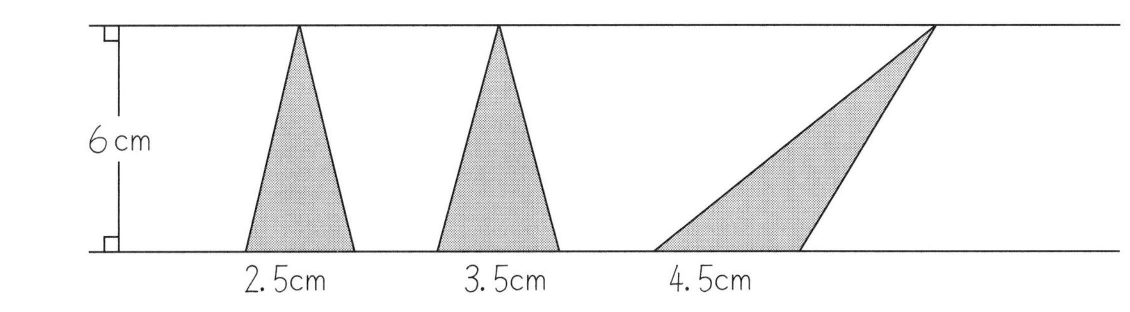

・表のあいているところに、あてはまる数をかきましょう。

底辺の長さx（cm）	0.5	1.5	2.5	3.5	4.5	5.5
面　積y（cm²）				10.5		

比例　比例する①

名前　　　　月　日

今回の学習のポイントは……
比例の関係は、①倍の関係か、②単位あたりの量で調べるとわかります。

㋐　2つの量xとyがあって、xの値（あたい）が□倍になると、対応するyの値も□倍になるとき、**yはxに比例する**といいます。

㋑　2つの量xとyがあって、yの値をxの値でわると、きまった数になるとき、**yはxに比例する**といいます。

2つの量（xとy）が比例しているかどうかは、㋐か㋑の方法を使って調べます。

1　次の表を調べ、yがxに比例していれば○を、比例していなければ×を、□にかきましょう。

①　わたしの年令と兄の年令

わたし　x（才）	12	13	14	15	16	17
兄　y（才）	15	16	17	18	19	20

□

②　自動車の走った時間と進んだ道のり

時　間　x（時間）	1	2	3	4	5	6
道のり　y（km）	50	100	150	200	250	300

□

2　表のあいているところに、あてはまる数をかきましょう。
yがxに比例していれば○を、比例していなければ×を、□にかきましょう。

①　横の長さが10cmの長方形の高さと面積

高さ　x（cm）	1	2	3	4	5	6
面積　y（cm^2）	10	20				

□

②　バケツに水を1Lずつ増やしたときの全体の重さ

水の量　x（L）	1	2	3	4	5	6
全体の重さ　y（kg）	1.4	2.4	3.4			

□

③　水そうに水を入れる時間と水の深さ

時間　x（分）	1	2	3	4	5	6
深さ　y（cm）	4	8	12			

□

④　正方形の1辺の長さと面積

1辺の長さx（cm）	1	2	3	4	5	6
面　積y（cm^2）	1	4	9			

□

比例　比例する②

名前　　　　月　日

今回の学習でわかったことは……

1　yがxに比例していれば○を、比例していなければ×を、□にかきましょう。

① ひもを切った回数とできたひもの数

回数　x（回）	1	2	3	4	5	6
本数　y（本）	2	3	4	5	6	7

□

② リボンの長さと代金

長さ　x（m）	1	2	3	4	5	6
代金　y（円）	50	100	150	200	250	300

□

③ 1000円はらったときの、代金とおつり

代　金　x（円）	100	200	300	400	500	600
おつり　y（円）	900	800	700	600	500	400

□

④ カンガルーの走る時間と道のり

時　間　x（秒）	1	2	3	4	5	6
道のり　y（m）	20	40	60	80	100	120

□

2　yがxに比例していれば○を、比例していなければ×を、□にかきましょう。比例している表のみ、あいているところに、あてはまる数をかきましょう。

① 面積が6cm²の長方形の縦（たて）の長さと横の長さ

縦の長さx（cm）	1	2	3	4	5	6
横の長さy（cm）	6	3				

□

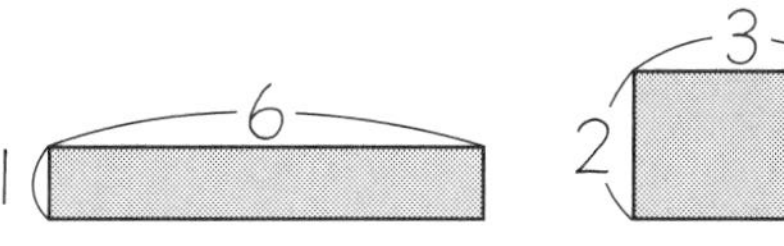

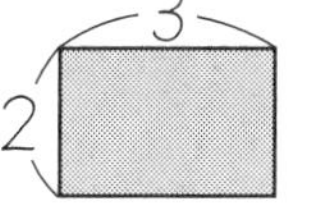

② 底辺が8cmの平行四辺形の高さと面積

高さ　x（cm）	1	2	3	4	5	6
面積　y（cm²）	8	16				

□

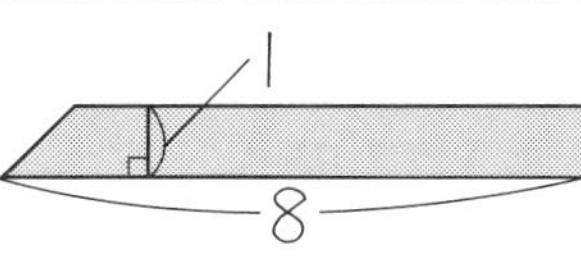

③ 正方形の1辺の長さと周りの長さ

1辺の長さx（cm）	1	2	3	4	5	6
面　積y（cm²）	4	8				

□

比例　比例のグラフ①

名前　　　月　日 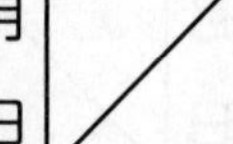

今回の学習のポイントは……
比例のグラフは、xとyの対応する点を順にむすんでかきます。

1　1mの重さが10gのひもがあります。
長さをxm、重さをygとして表にします。
長さに対応する重さを表のあいているところにかきましょう。

長さx(m)	0	1	2	3	4	5	6	7	8	9	10
重さy(g)	0	10	20	30							100

① xの値(あたい)とyの値の組を示す点を下の方眼紙にかきましょう。
(1m, 10g)(2m, 20g)の点はかいてあります。

ひもの長さと重さ

② 並んでいる点を順に直線でむすびましょう。

2　1mの重さが50gのロープがあります。
長さをxm、重さをygとして表にします。
長さに対応する重さを表のあいているところにかきましょう。

長さx(m)	0	1	2	3	4	5	6	7	8	9	10
重さy(g)	0	50	100								500

① xの値とyの値の組を示す点を下の方眼紙にかきましょう。

ロープの長さと重さ

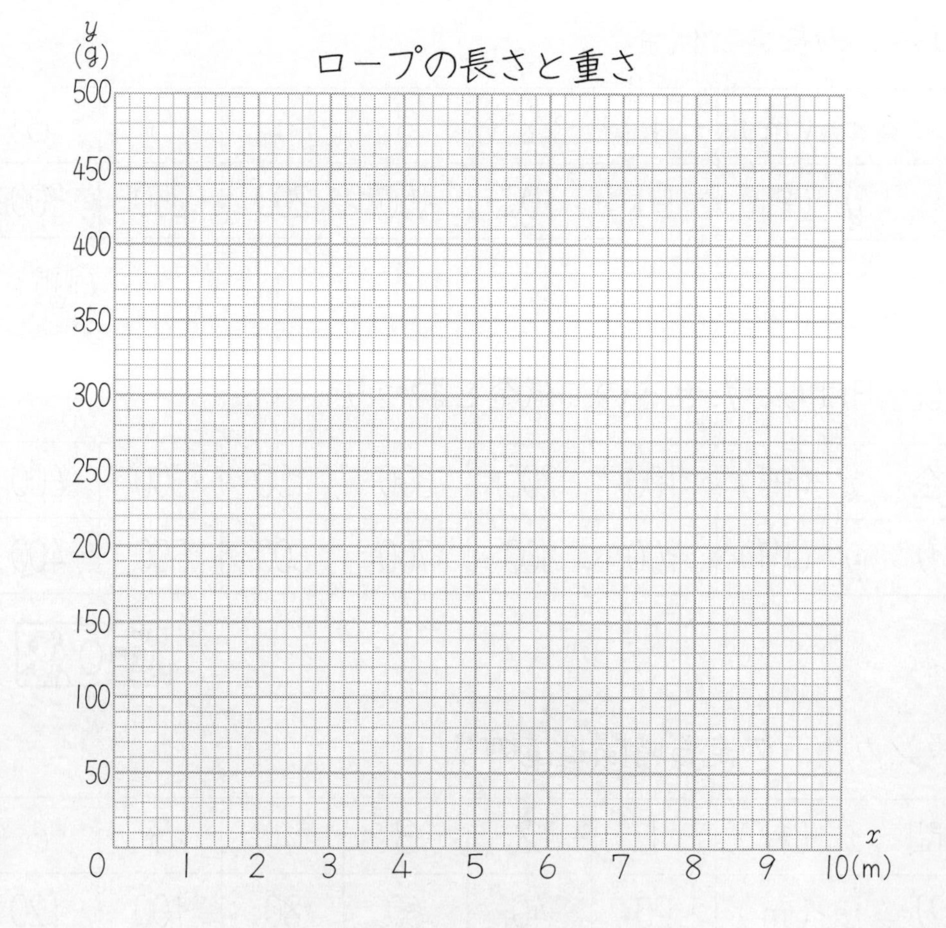

② 点がかけたら順に直線でむすびましょう。

比例　比例のグラフ②

名前　　　　月　日

今回の学習のポイントは……
比例のグラフをかくと、直線になることがわかります。

1　1mが5円のひもがあります。
長さをxm、代金をy円として表にします。
長さに対応する代金を表のあいているところにかきましょう。

長さx(m)	0	1	2	3	4	5	6	7	8	9	10
代金y(円)	0	5	10								

① xの値(あたい)とyの値の組を示す点を下の方眼紙にかきましょう。
（1m，5円）（2m，10円）の点はかいてあります。

ひもの長さと代金

y（円）　50　40　30　20　10　0

0　1　2　3　4　5　6　7　8　9　10(m) x

② 並んでいる点を順に直線でむすびましょう。

2　1mが60円のロープがあります。
長さをxm、代金をy円として表にします。
長さに対応する代金を表のあいているところにかきましょう。

長さx(m)	0	1	2	3	4	5	6	7	8
代金y(円)	0	60							

① xの値とyの値の組を示す点を下の方眼紙にかきましょう。

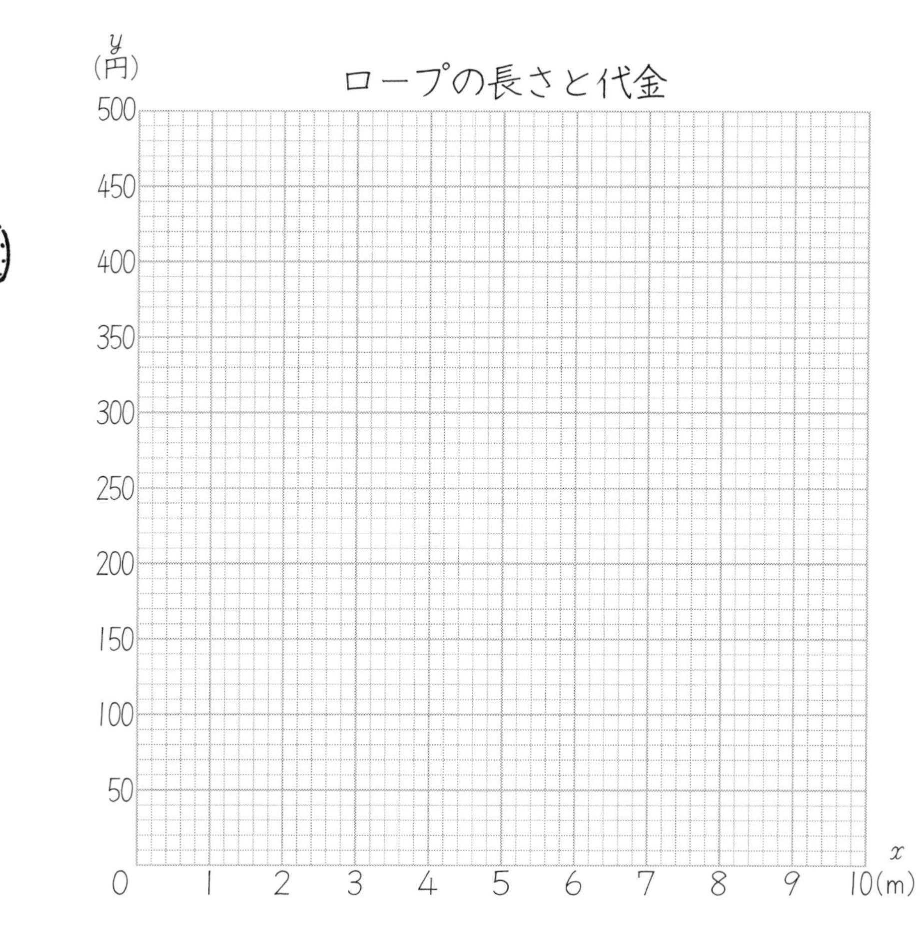

② 点がかけたら順に直線でむすびましょう。

比例　比例のグラフ ③

名前　　　　月　日

今回の学習のポイントは……
比例のグラフは、0の点をとおります。

1　1mが2円のテープがあります。長さをxm、代金をy円とすると、xとyの関係は、$y=2\times x$です。表にすると、下のとおりです。

長さx(m)	0	1	2	3	4	5	6	7	8	9	10
代金y(円)	0	2	4	6	8	10	12	14	16	18	20

・テープの長さxmと、それに対応する代金y円について、xの値(あたい)とyの値の組を示す点を方眼紙にかきましょう。
(1m, 2円)(2m, 4円)の点はかいてあります。

・並んでいる点を順に直線でむすびましょう。

テープの長さと代金

2　$y=2\times x$を使って、xの値が0のときや1.5、2.5、3.5……のときのyの値を求め、あてはまる数をかきましょう。

長さx(m)	0	1	1.5	2.5	3.5	4.5	5.5	6.5	7.5	8.5
代金y(円)	0	2								

・テープの長さxmと、それに対応する代金y円について、xの値とyの値の組を示す点を方眼紙にかきましょう。

・並んでいる点を順に直線でむすびましょう。

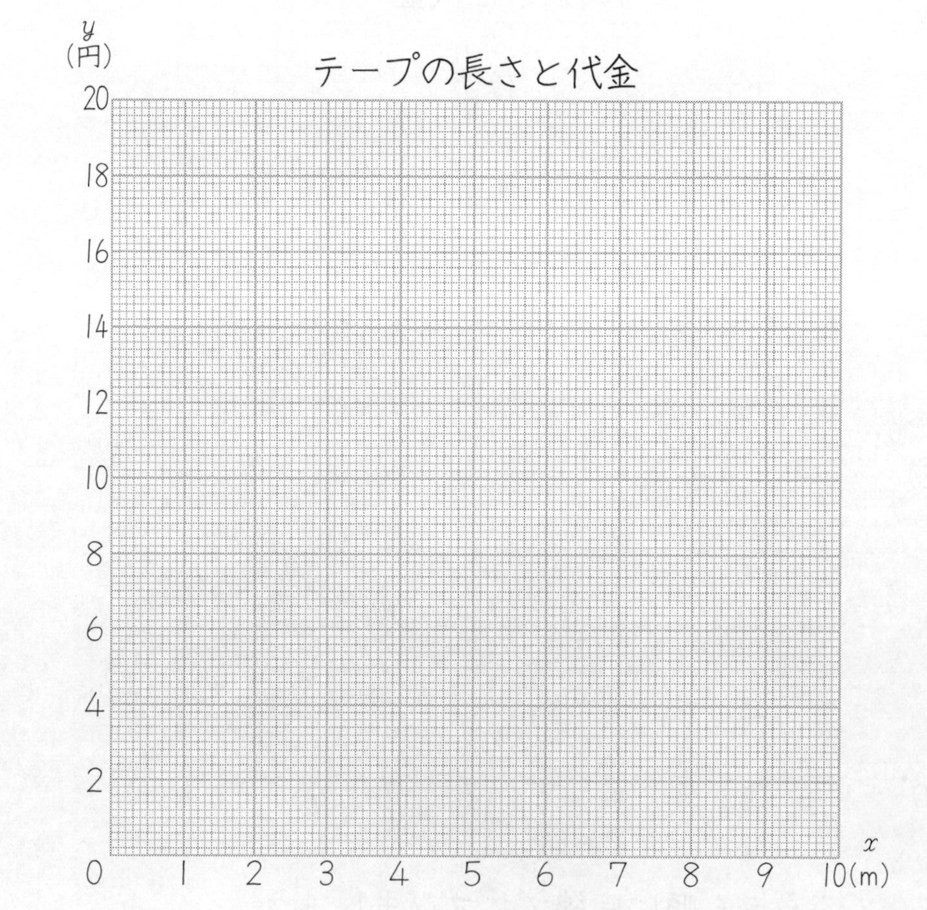

比 例　比例のグラフ ④

名前　　　　　　月　日

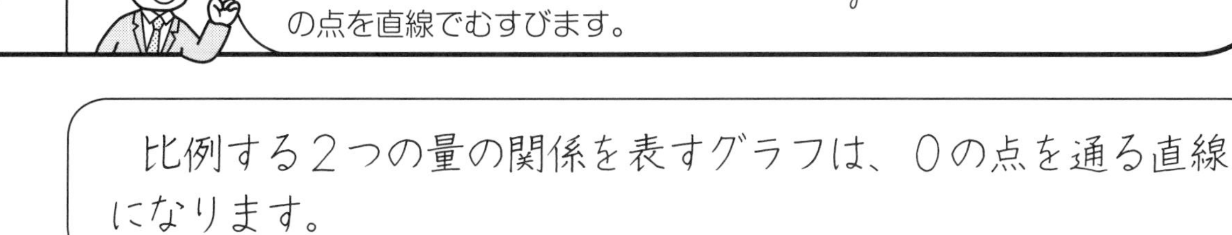

1　水を入れる時間x分と水の深さ$y$cmは、$y=4\times x$の式で表せます。表のあいているところに、あてはまる数を式から求めてかきましょう。

時間x（分）	0	0.5	1	1.5	2		9	9.5	10
深さy（cm）	0								

水を入れる時間xの値（あたい）とyの値の組を示す点を方眼紙にかきましょう。その点を順に直線でむすびましょう。

水を入れる時間と水の深さ

y（cm）：50, 40, 30, 20, 10, 0
x（分）：0, 0.5, 1, 2, 3, 4, 5, 6, 7, 8, 9, 10

比例する２つの量の関係を表すグラフは、０の点を通る直線になります。

2　針金（はりがね）の長さxmと重さygは、$y=40\times x$の式で表せます。（1mが40gということです。）

$y=40\times x$の式を使って、針金の長さ$x$cmと重さygのグラフをかきましょう。

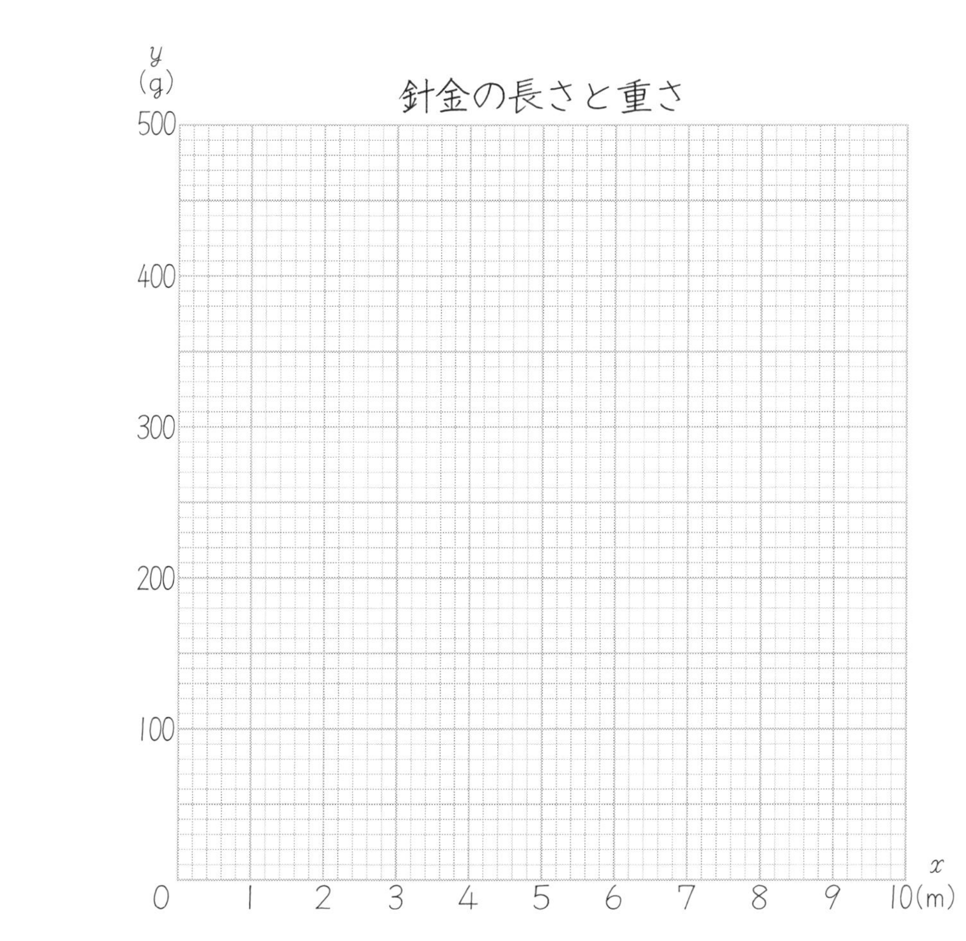

・０の点を通る直線になります。

比 例　比例のグラフ ⑤

名前　　　　月　日

今回の学習でわかったことは……

1 正三角形の１辺の長さを x cm、周りの長さを y cmとします。
x と y の関係式は $y=3\times x$ です。

① x が10のときの y を求めましょう。

$3\times$ □ $=$ □　　$y=$

② x が0のときの y を求めましょう。

$3\times$ □ $=$ □　　$y=$

③ $y=3\times x$ のグラフをかきましょう。

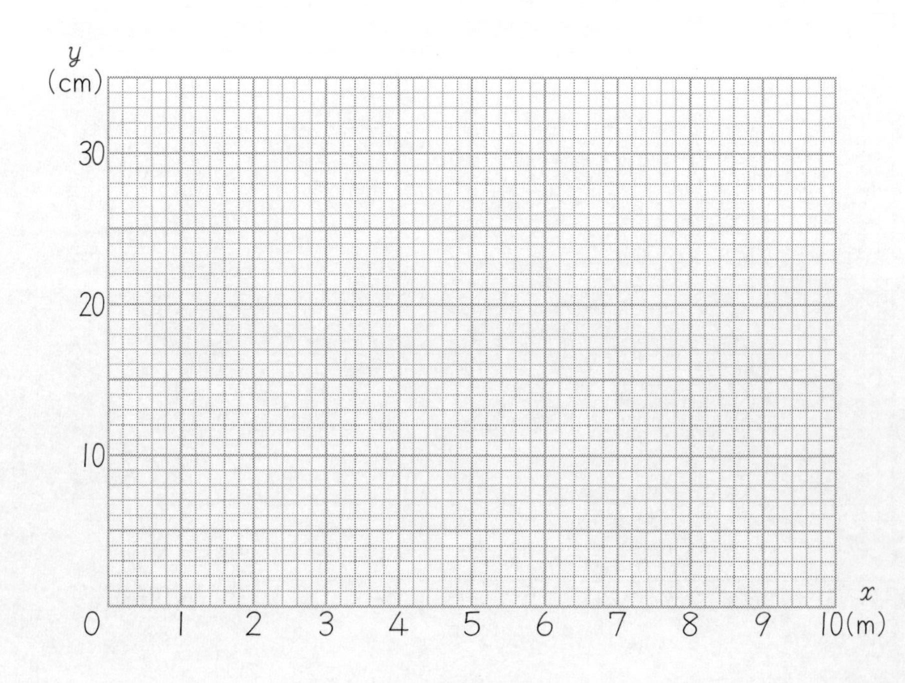

2 正方形の１辺の長さを x cm、周りの長さを y cmとします。
x と y の関係式は $y=4\times x$ です。

① x が10のときの y を求めましょう。

$4\times$ □ $=$ □　　$y=$

② $y=4\times x$ のグラフをかきましょう。

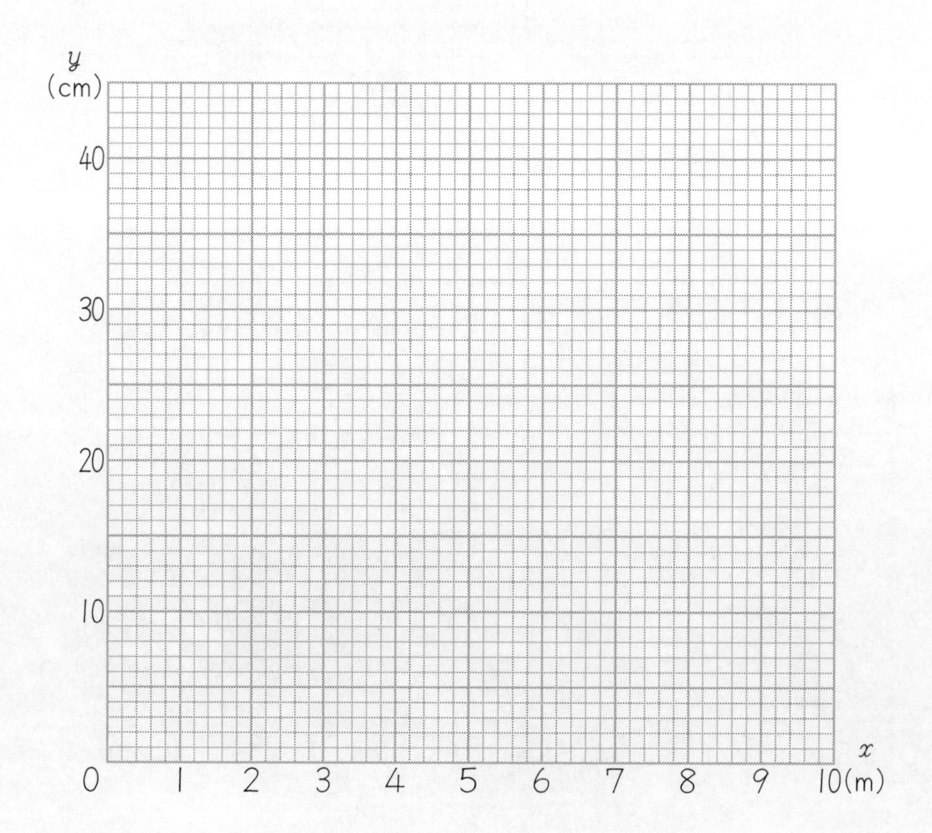

比例　比例のグラフ ⑥

名前

月　日

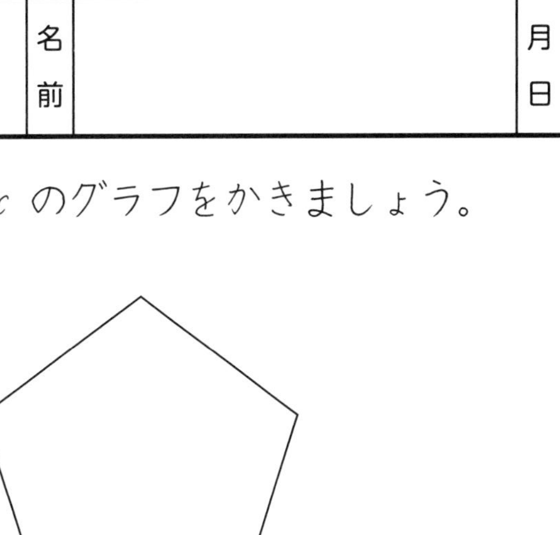

今回の学習でわかったことは……

1　$y=4\times x$ のグラフと、$y=5\times x$ のグラフをかきましょう。

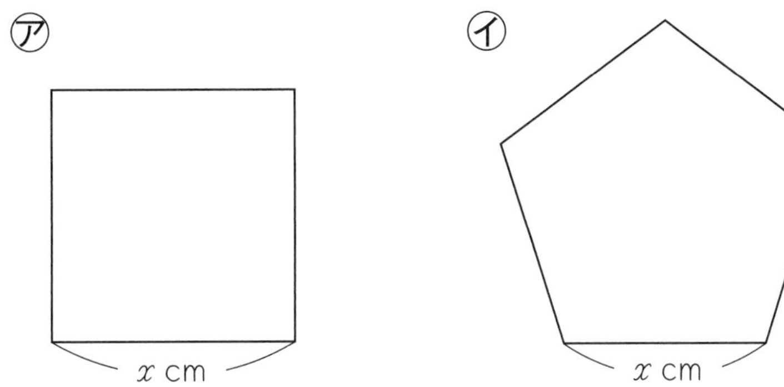

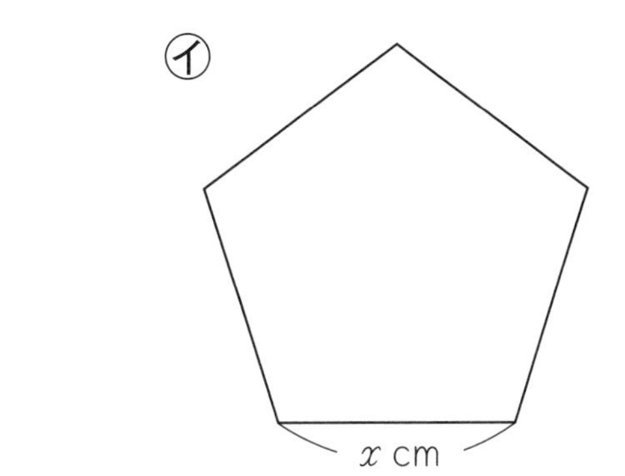

2　$y=3\times x$ のグラフと、$y=6\times x$ のグラフをかきましょう。

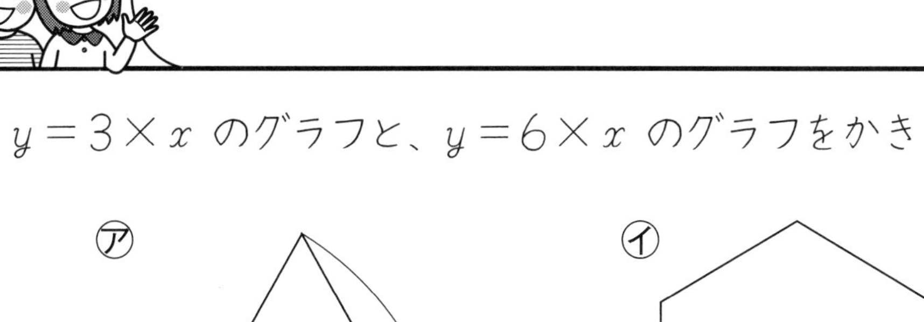

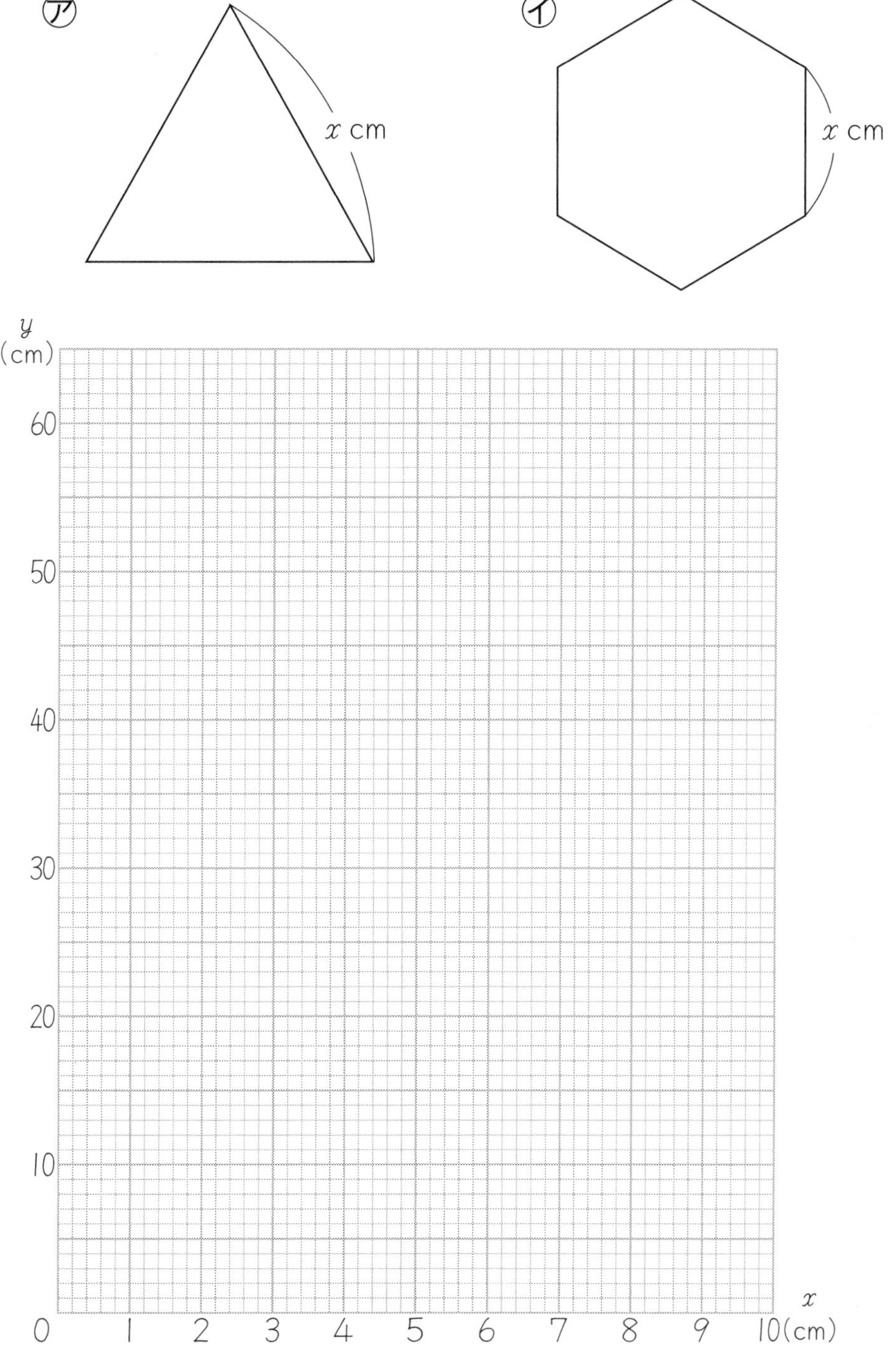

比 例　比例のグラフ ⑦

名前　　　月　日

今回の学習のポイントは……
AとBのグラフを同じ方眼紙にかくことで、AとBの関係がよくわかります。

1　Aの車は、時速60kmで走り、Bの車は、時速50kmで走ります。
A車とB車が、同じところから同じ方向へ同時に発車したときのグラフをかきましょう。
A車　$y=60\times x$　　B車　$y=50\times x$
A車の走った時間と道のりのグラフはかいてあります。
B車の走った時間と道のりのグラフをかきましょう。

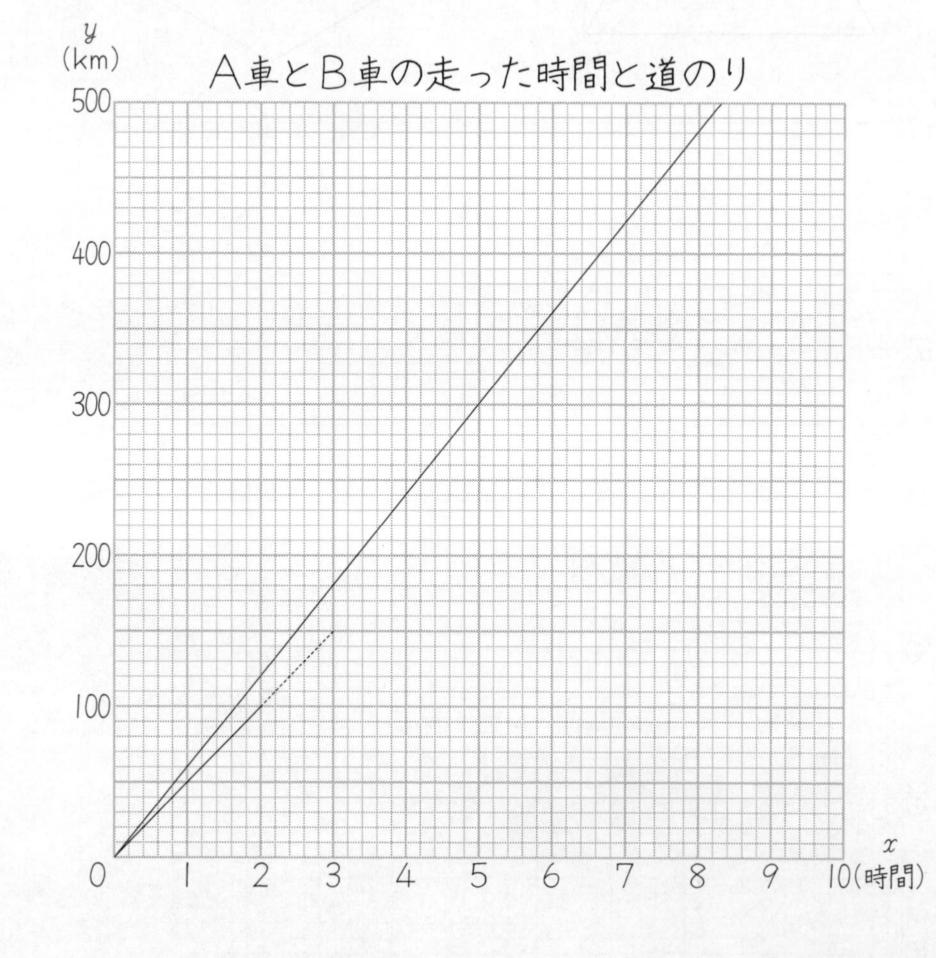

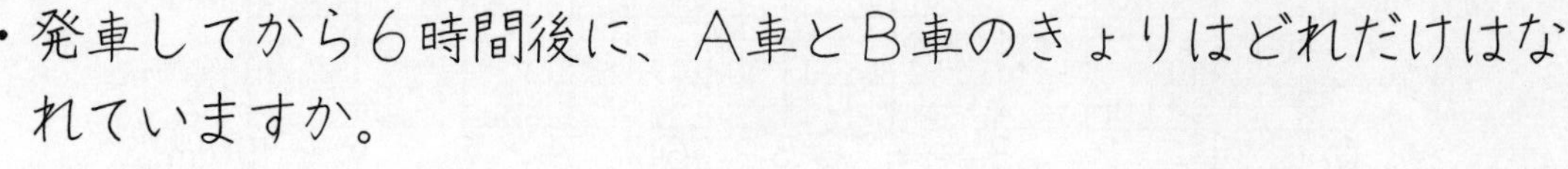

・発車してから6時間後に、A車とB車のきょりはどれだけはなれていますか。

答え　　　km

2　AさんもBさんも自転車で、同じところから同じ方向へ同時に出発します。Aさんは分速250m、Bさんは分速200mです。
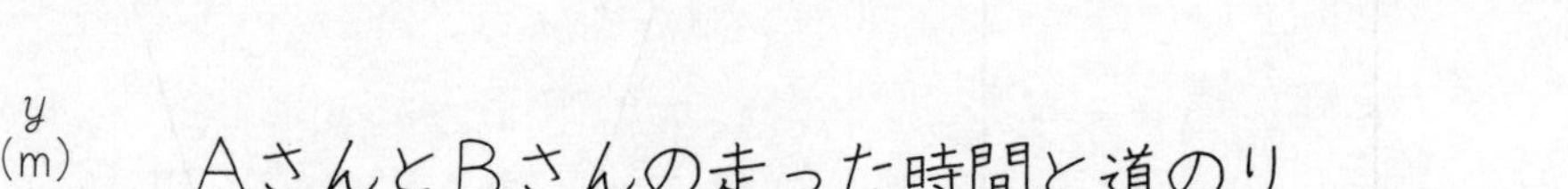
Aさん　$y=250\times x$　　Bさん　$y=200\times x$
AさんとBさんの走った時間と道のりのグラフをかきましょう。

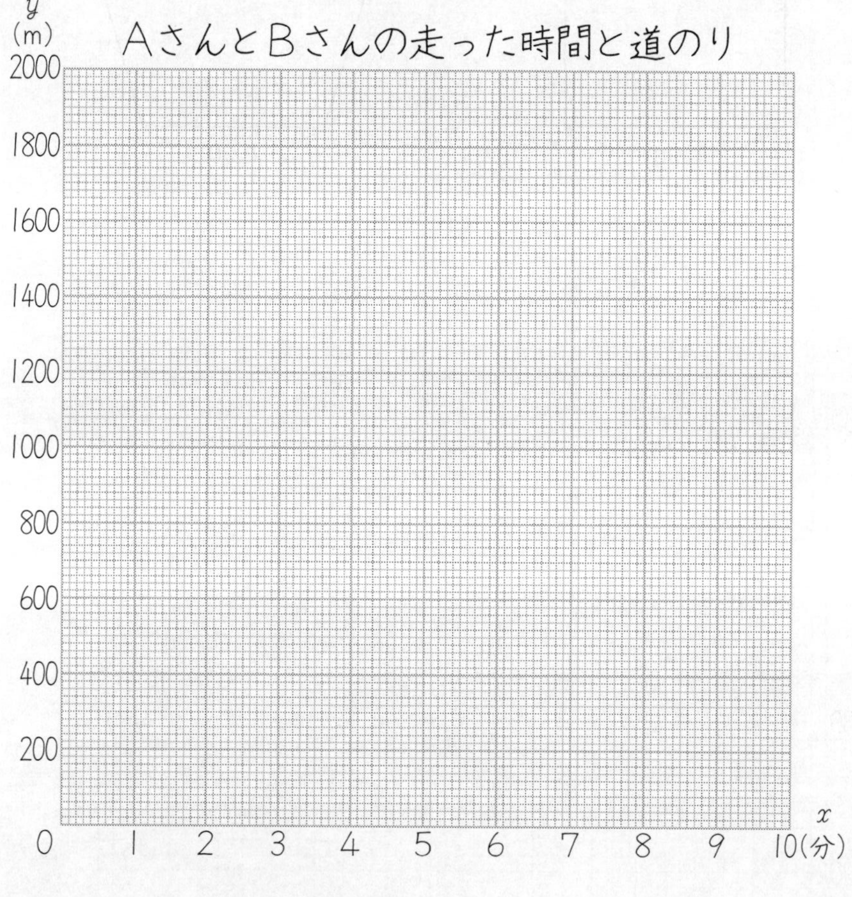

① Aさんが、1500mの地点を通るのは何分後ですか。

答え　　　分後

② Bさんは、7分後に何mの地点を走っていますか。

答え　　　m

比 例　4ます表と式　□倍 ①

名前　　　月　日

今回の学習のポイントは……
表を見て、倍の関係から y を求めます。

1　くぎの重さ y は、くぎの本数 x に比例します。
このくぎ10本で25gのくぎは、80本で何gですか。

□倍

本数　x（本）	10	80
重さ　y（g）	25	?

□倍

① x はもとの数の何倍ですか。

80 ÷ 10 = □　　答え＿＿＿倍

② y は何gですか。

25 × □ = □　　答え＿＿＿g

2　10本で30gのくぎがあります。
このくぎ120本では、何gですか。

□倍

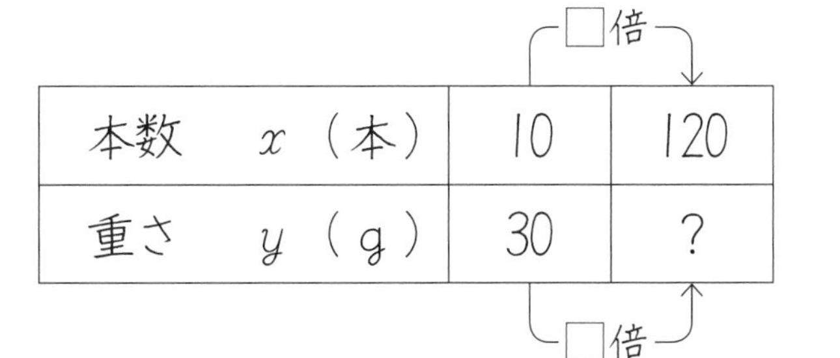

本数　x（本）	10	120
重さ　y（g）	30	?

□倍

① x はもとの数の何倍ですか。

120 ÷ 10 = □　　答え＿＿＿倍

② y は何gですか。

30 × □ = □　　答え＿＿＿g

3　10本で45gのくぎがあります。
このくぎ100本では、何gですか。

□倍

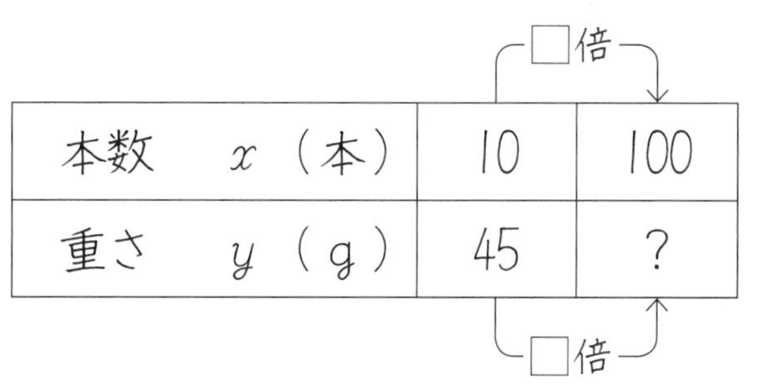

本数　x（本）	10	100
重さ　y（g）	45	?

□倍

① x はもとの数の何倍ですか。

100 ÷ 10 = □　　答え＿＿＿倍

② y は何gですか。

45 × □ = □　　答え＿＿＿g

4　10本で60gのくぎがあります。
このくぎ150本では、何gですか。

□倍

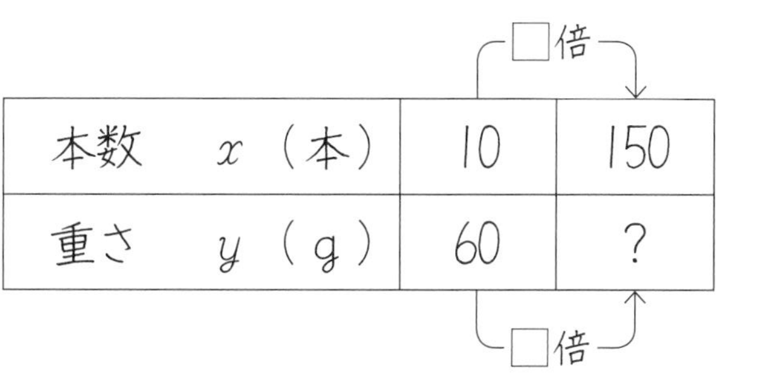

本数　x（本）	10	150
重さ　y（g）	60	?

□倍

① x はもとの数の何倍ですか。

150 ÷ 10 = □　　答え＿＿＿倍

② y は何gですか。

60 × □ = □　　答え＿＿＿g

比 例　4ます表と式　□倍 ②

名前　　　月　日

今回の学習でわかったことは……

1 折り紙の重さyは、枚数（まいすう）xに比例します。
折り紙10枚は、12gです。240枚では、何gですか。（電たく使用）

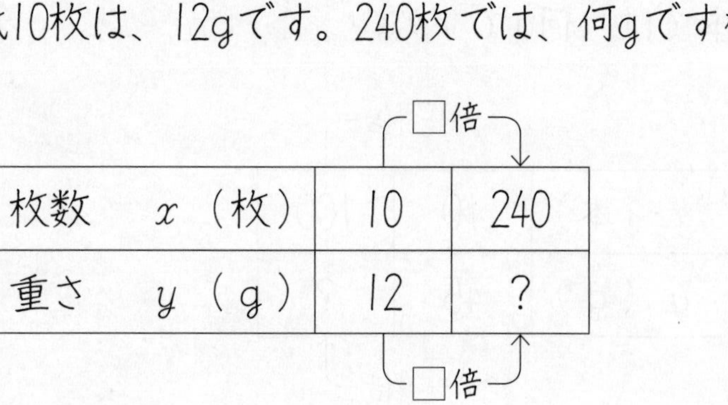

枚数　x（枚）	10	240
重さ　y（g）	12	?

（□倍）

① xはもとの数の何倍ですか。

240 ÷ 10 = □　　答え＿＿＿倍

② yは何gですか。

12 × □ = □　　答え＿＿＿g

2 両面折り紙は、10枚で14gです。
この両面折り紙250枚では、何gですか。　（電たく使用）

枚数　x（枚）	10	250
重さ　y（g）	14	?

（□倍）

① xはもとの数の何倍ですか。

250 ÷ 10 = □　　答え＿＿＿倍

② yは何gですか。

14 × □ = □　　答え＿＿＿g

3 和紙の折り紙は、20枚で32gです。
この和紙の折り紙600枚では、何gですか。

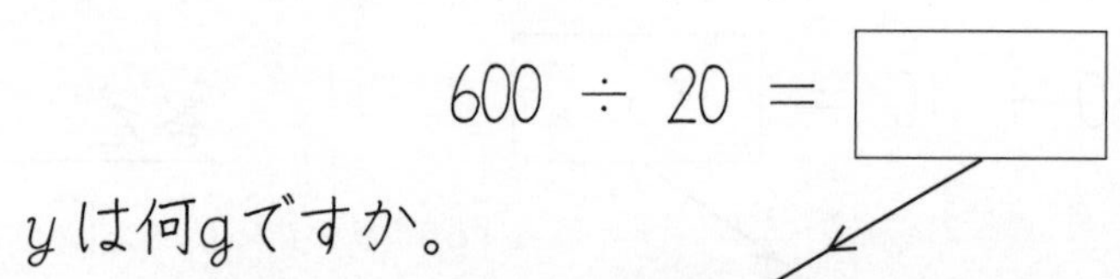

枚数　x（枚）	20	600
重さ　y（g）	32	?

（□倍）

① xはもとの数の何倍ですか。

600 ÷ 20 = □　　答え＿＿＿倍

② yは何gですか。

32 × □ = □　　答え＿＿＿g

4 小さい折り紙は、20枚で6gです。
この小さい折り紙1000枚では、何gですか。

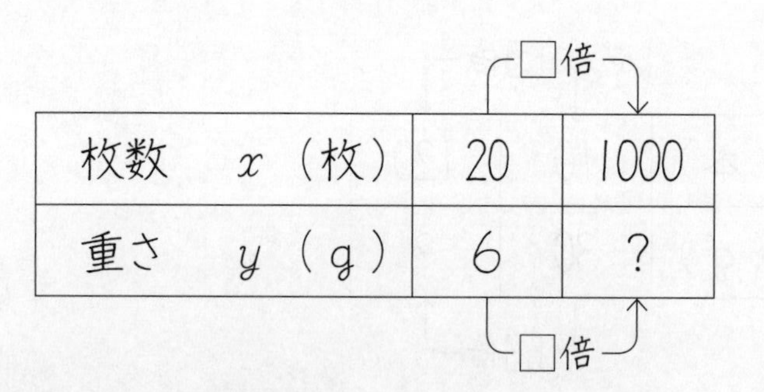

枚数　x（枚）	20	1000
重さ　y（g）	6	?

（□倍）

① xはもとの数の何倍ですか。

1000 ÷ 20 = □　　答え＿＿＿倍

② yは何gですか。

6 × □ = □　　答え＿＿＿g

比 例　4ます表と式　□倍 ③

名前　　　　月　日

今回の学習でわかったことは……

1　10枚（まい）の重さが80gの紙があります。
この紙90枚では、何gですか。

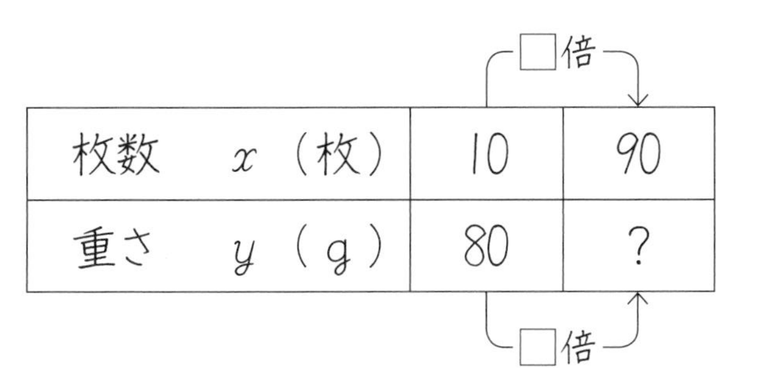

枚数　x（枚）	10	90
重さ　y（g）	80	？

（□倍）

式　90 ÷ 10 = □

80 × □ = □

答え ＿＿＿＿ g

2　10枚の重さが75gの紙があります。
この紙80枚では、何gですか。

枚数　x（枚）	10	80
重さ　y（g）	75	？

（□倍）

式　80 ÷ 10 = □

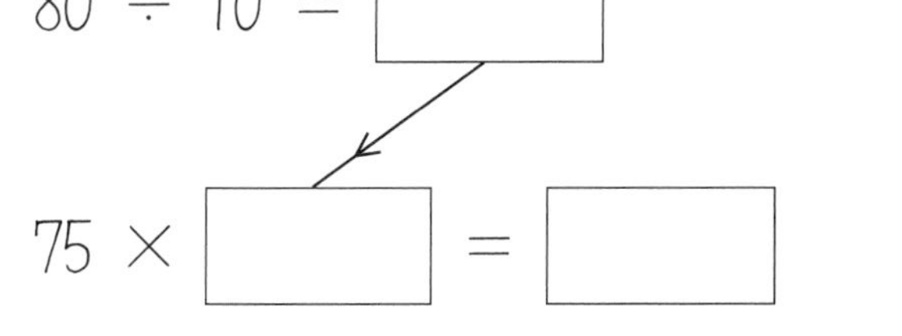

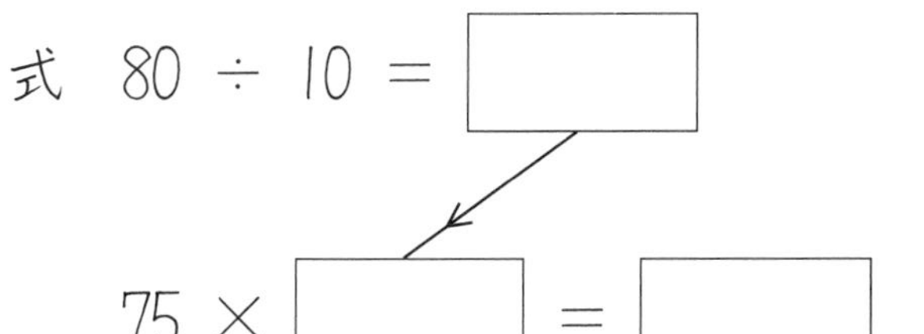

75 × □ = □

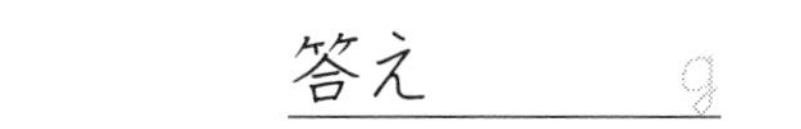

答え ＿＿＿＿ g

3　20枚の重さが35gの絵はがきがあります。
この絵はがき120枚では、何gですか。

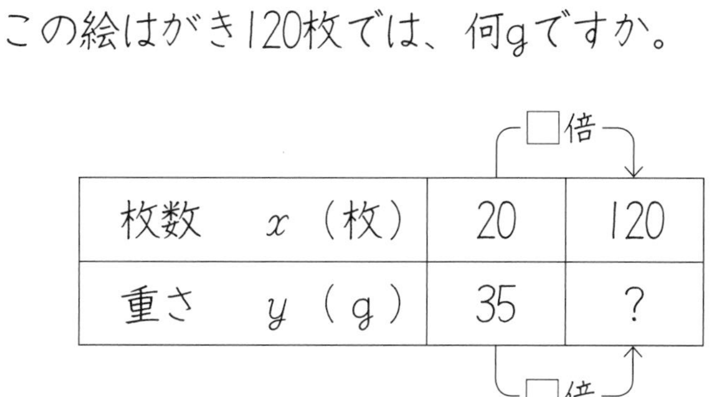

枚数　x（枚）	20	120
重さ　y（g）	35	？

（□倍）

式　120 ÷ □ = □

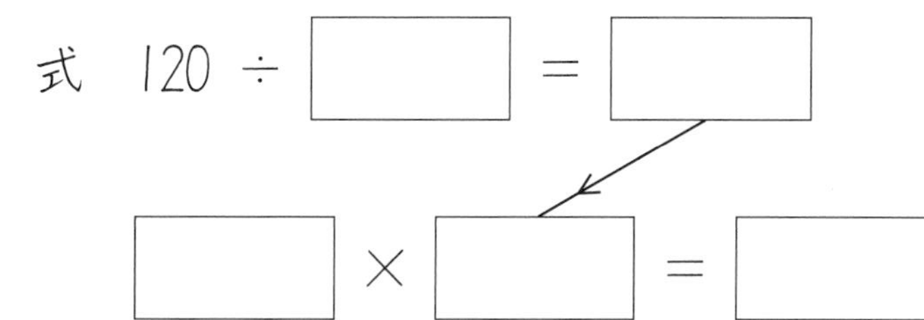

□ × □ = □

答え ＿＿＿＿ g

4　20枚の重さが250gのボール紙があります。
このボール紙70枚では、何gですか。　（電たく使用）

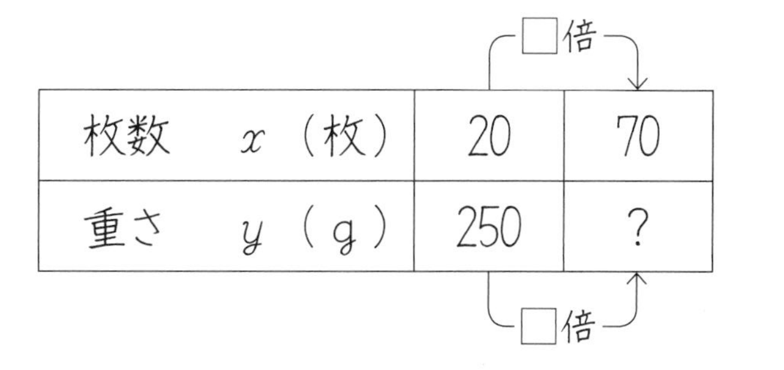

枚数　x（枚）	20	70
重さ　y（g）	250	？

（□倍）

式　□ ÷ □ = □

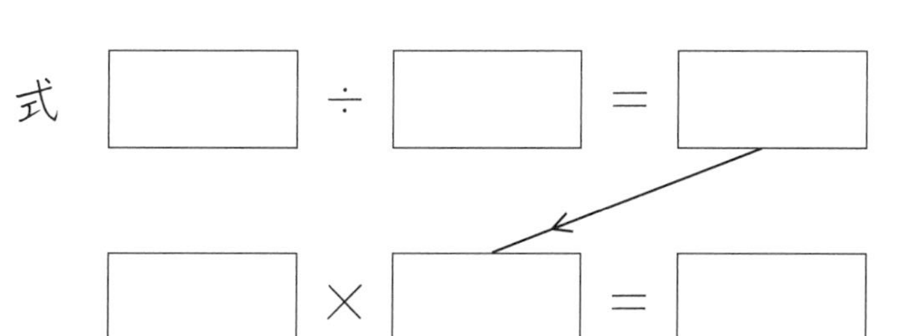

□ × □ = □

答え ＿＿＿＿ g

比例　4ます表と式　□倍④

名前　　　月　日

今回の学習のポイントは……
時間（x）と道のり（y）が比例するときは、速さが一定です。

1　弟は、5分で300m歩きます。
この速さで35分歩くと、何m進みますか。

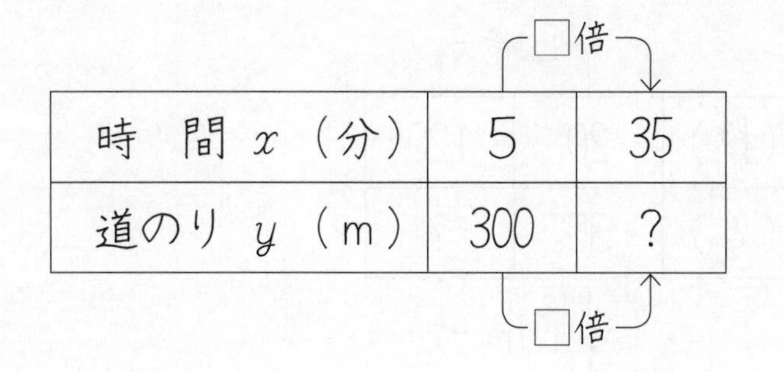

（□倍）

時　間 x（分）	5	35
道のり y（m）	300	？

（□倍）

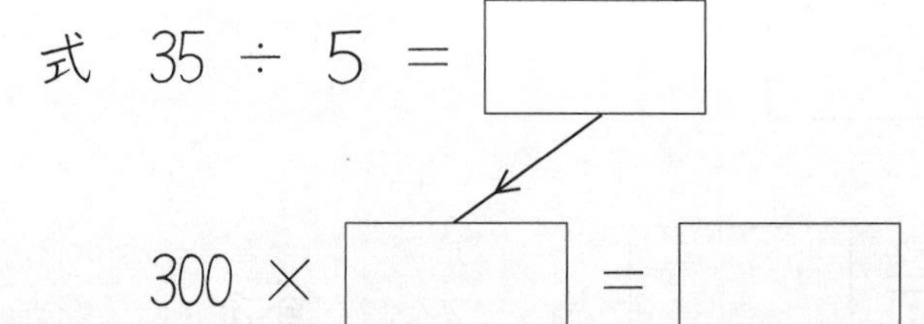

式　35 ÷ 5 = □

300 × □ = □

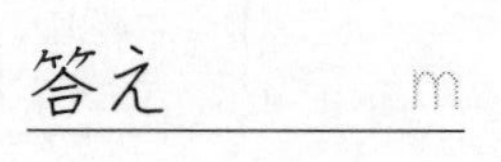

答え　　　m

2　お姉さんは、4分で280m歩きます。
この速さで32分歩くと、何m進みますか。　（電たく使用）

（□倍）

時　間 x（分）	4	32
道のり y（m）	280	？

（□倍）

式　32 ÷ 4 = □

280 × □ = □

答え　　　m

3　自動車は、6時間で240km進みます。
この速さで15時間走ると、何km進みますか。　（電たく使用）

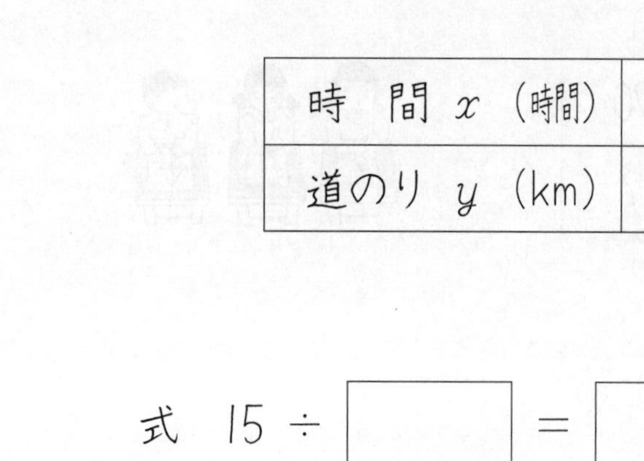

（□倍）

時　間 x（時間）	6	15
道のり y（km）	240	？

（□倍）

式　15 ÷ □ = □

□ × □ = □

答え　　　km

4　電車は、4時間で480km進みます。
この速さで14時間走ると、何km進みますか。　（電たく使用）

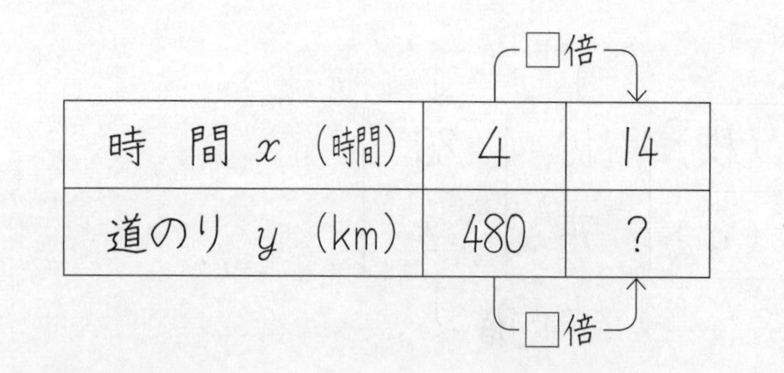

（□倍）

時　間 x（時間）	4	14
道のり y（km）	480	？

（□倍）

式　□ ÷ □ = □

□ × □ = □

答え　　　km

比 例　4ます表と式　□倍 ⑤

名前　　　月　日

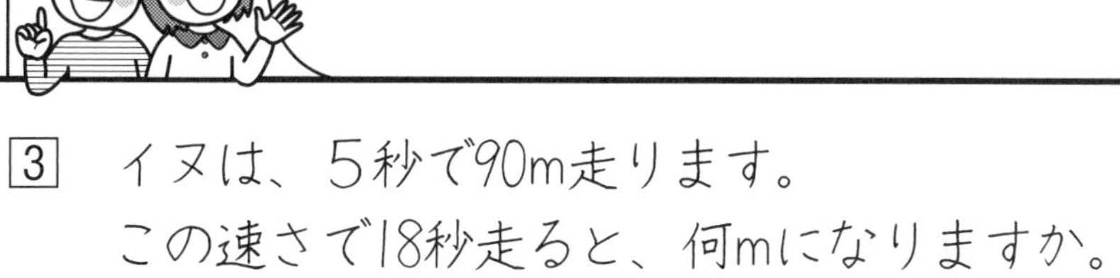

今回の学習でわかったことは……

1 松本(まつもと)さんは、15秒で12m泳ぎます。
この速さで60秒泳ぐと、何mになりますか。

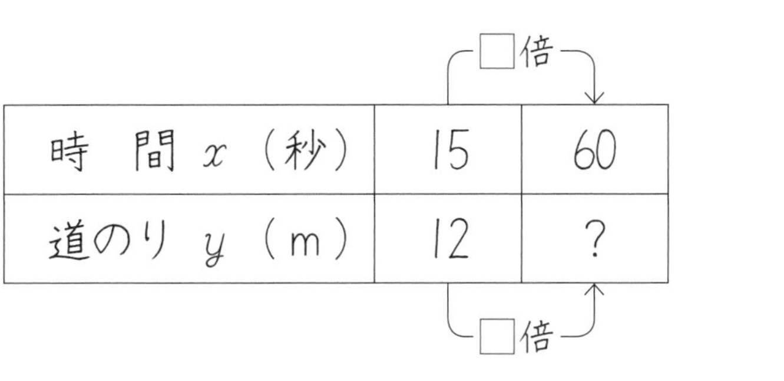

□倍

時　間 x（秒）	15	60
道のり y（m）	12	？

□倍

式　60 ÷ 15 = □

12 × □ = □

答え　　m

2 梅田(うめだ)さんは、8分で520m歩きます。
この速さで24分歩くと、何mになりますか。

□倍

時　間 x（秒）	8	24
道のり y（m）	520	？

□倍

式　24 ÷ 8 = □

520 × □ = □

答え　　m

3 イヌは、5秒で90m走ります。
この速さで18秒走ると、何mになりますか。　（電たく使用）

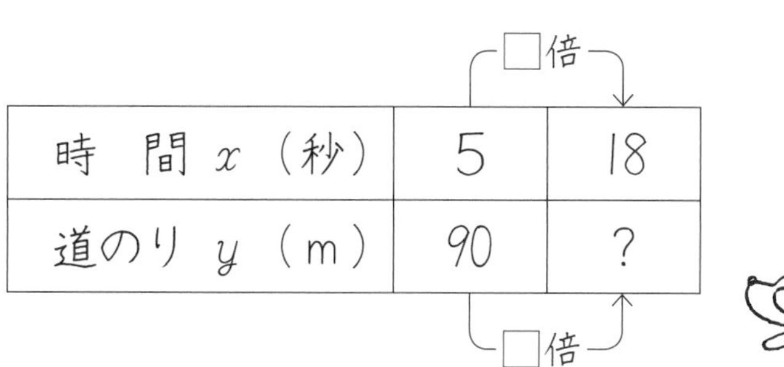

□倍

時　間 x（秒）	5	18
道のり y（m）	90	？

□倍

式　18 ÷ □ = □

90 × □ = □

答え　　m

4 イルカは、6秒で81m泳ぎます。
この速さで45秒泳ぐと、何mになりますか。　（電たく使用）

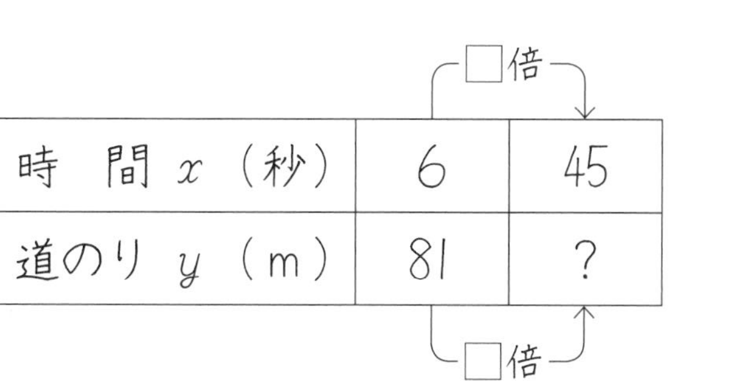

□倍

時　間 x（秒）	6	45
道のり y（m）	81	？

□倍

式　□ ÷ □ = □

□ × □ = □

答え　　m

比例　4ます表と式　□倍⑥

名前　　　月　日

今回の学習のポイントは……
表を見て、倍の関係から x を求めます。

1 くぎの重さ y は、本数 x に比例します。
くぎ10本は25gです。100gでは、何本ですか。

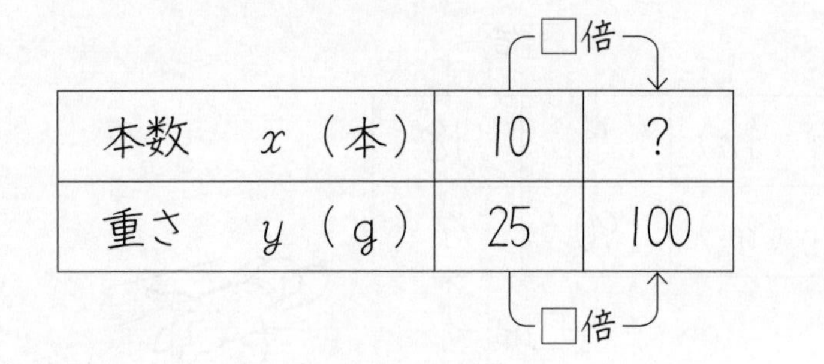

本数　x（本）	10	?
重さ　y（g）	25	100

（□倍）

① y はもとの数の何倍ですか。

100 ÷ 25 = □　　答え＿＿＿倍

② x は何本ですか。

10 × □ = □　　答え＿＿＿本

2 10本で30gのくぎがあります。
このくぎ150gでは、何本ですか。

本数　x（本）	10	?
重さ　y（g）	30	150

（□倍）

① y はもとの数の何倍ですか。

150 ÷ 30 = □　　答え＿＿＿倍

② x は何本ですか。

10 × □ = □　　答え＿＿＿本

3 10本で45gのくぎがあります。
このくぎ180gでは、何本ですか。

本数　x（本）	10	?
重さ　y（g）	45	180

（□倍）

① y はもとの数の何倍ですか。

180 ÷ 45 = □　　答え＿＿＿倍

② x は何本ですか。

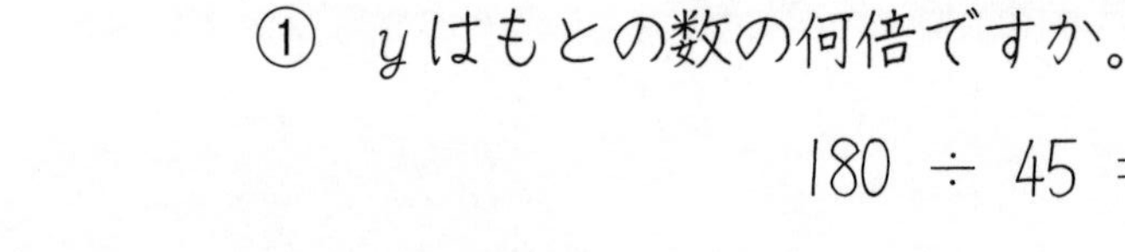

10 × □ = □　　答え＿＿＿本

4 20本で80gのくぎがあります。
このくぎ400gでは、何本ですか。

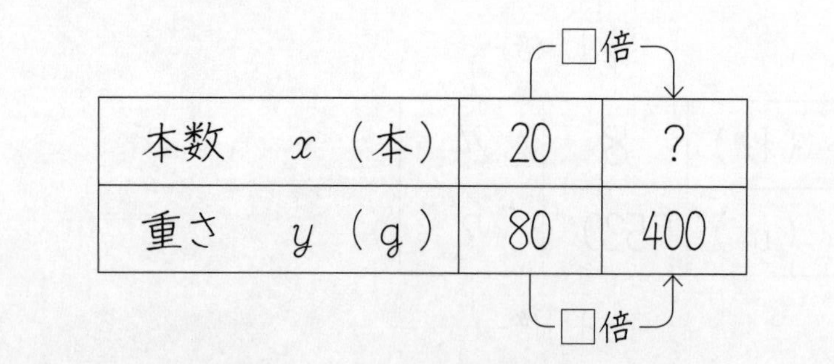

本数　x（本）	20	?
重さ　y（g）	80	400

（□倍）

① y はもとの数の何倍ですか。

400 ÷ 80 = □　　答え＿＿＿倍

② x は何本ですか。

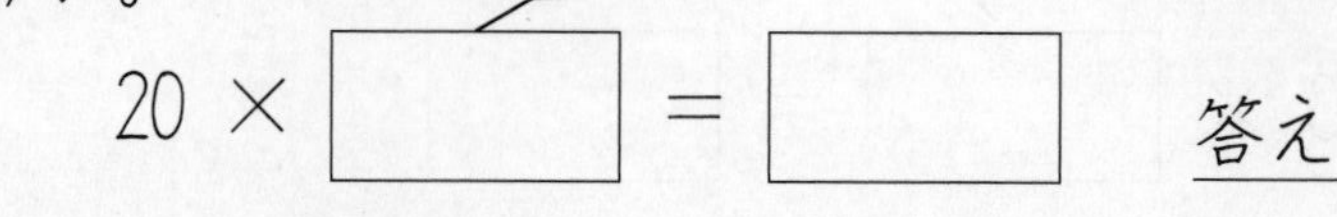

20 × □ = □　　答え＿＿＿本

比例　4ます表と式　□倍 ⑦

名前　　　月　日

今回の学習でわかったことは……

1　折り紙の重さ y は、枚数（まいすう） x に比例します。
折り紙は、20枚で24gです。この折り紙120gでは、何枚ですか。（電たく使用）

□倍（20→?、24→120）

枚数　x（枚）	20	?
重さ　y（g）	24	120

① y はもとの数の何倍ですか。

120 ÷ 24 = □　　答え＿＿＿倍

② x は何枚ですか。

20 × □ = □　　答え＿＿＿枚

2　両面折り紙は、20枚で28gです。
この両面折り紙420gでは、何枚ですか。（電たく使用）

□倍（20→?、28→420）

枚数　x（枚）	20	?
重さ　y（g）	28	420

① y はもとの数の何倍ですか。

420 ÷ 28 = □　　答え＿＿＿倍

② x は何枚ですか。

20 × □ = □　　答え＿＿＿枚

3　和紙の折り紙は、10枚で16gです。
この和紙の折り紙400gでは、何枚ですか。（電たく使用）

□倍（10→?、16→400）

枚数　x（枚）	10	?
重さ　y（g）	16	400

① y はもとの数の何倍ですか。

400 ÷ 16 = □　　答え＿＿＿倍

② x は何枚ですか。

10 × □ = □　　答え＿＿＿枚

4　小さい折り紙は、50枚で15gです。
この小さい折り紙360gでは、何枚ですか。（電たく使用）

□倍（50→?、15→360）

枚数　x（枚）	50	?
重さ　y（g）	15	360

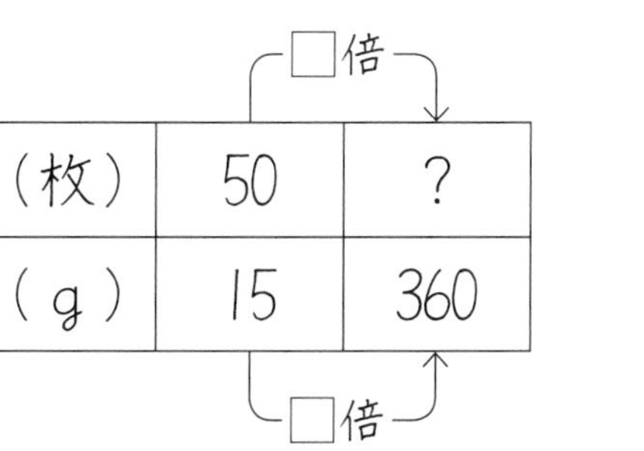

① y はもとの数の何倍ですか。

360 ÷ 15 = □　　答え＿＿＿倍

② x は何枚ですか。

50 × □ = □　　答え＿＿＿枚

比例　4ます表と式　□倍⑧

名前　　　月　日

今回の学習でわかったことは……

1　30本で重さが120gのくぎがあります。
このくぎが600gあるとき、くぎは、何本ですか。

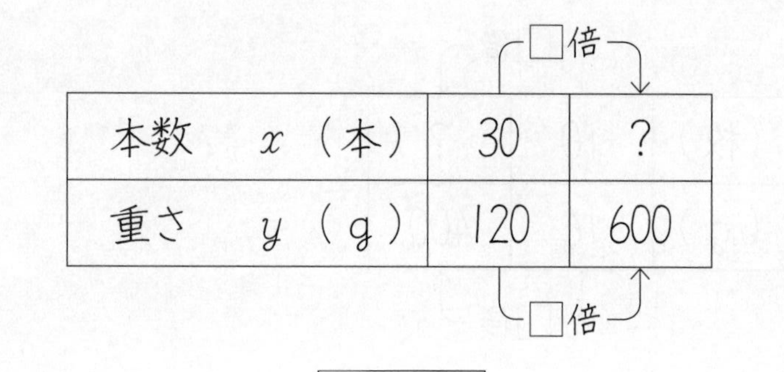

本数　x（本）	30	?
重さ　y（g）	120	600

□倍　□倍

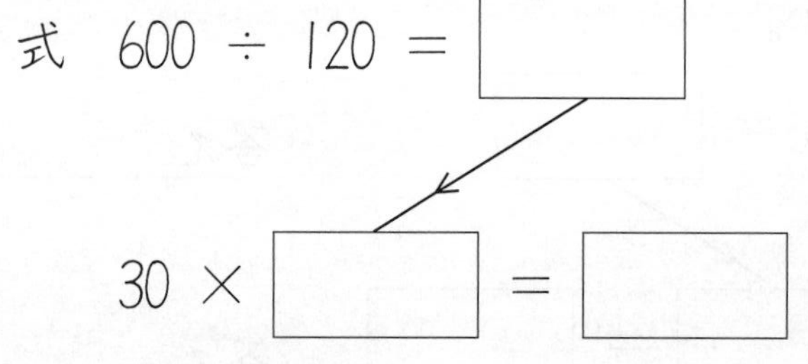

式　600 ÷ 120 = □

30 × □ = □

答え　　　本

2　30本で重さが150gのくぎがあります。
このくぎが600gあるとき、くぎは、何本ですか。

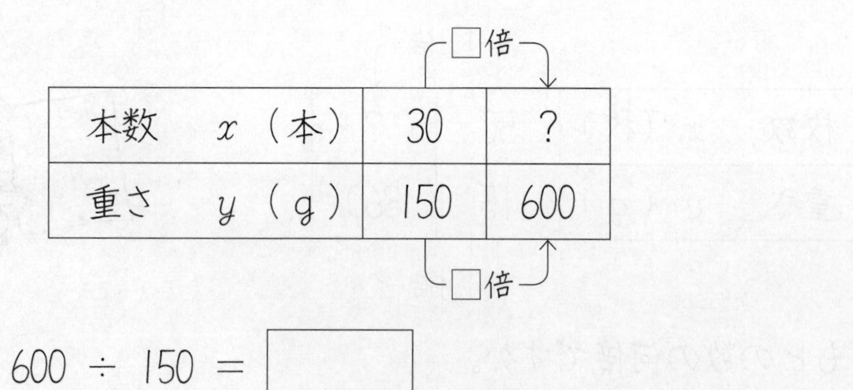

本数　x（本）	30	?
重さ　y（g）	150	600

□倍　□倍

式　600 ÷ 150 = □

30 × □ = □

答え　　　本

3　50本で重さが300gのくぎがあります。
このくぎが1200gあるとき、くぎは、何本ですか。

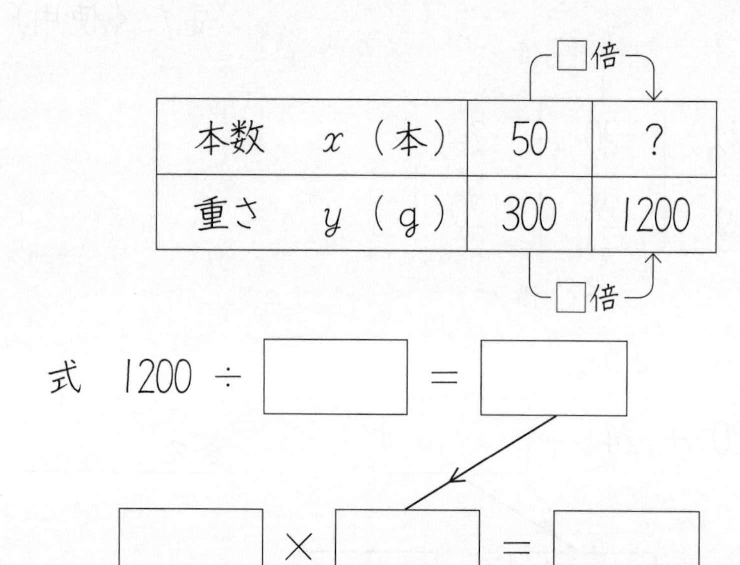

本数　x（本）	50	?
重さ　y（g）	300	1200

□倍　□倍

式　1200 ÷ □ = □

□ × □ = □

答え　　　本

4　50本で重さが220gのくぎがあります。
このくぎが1100gあるとき、くぎは、何本ですか。

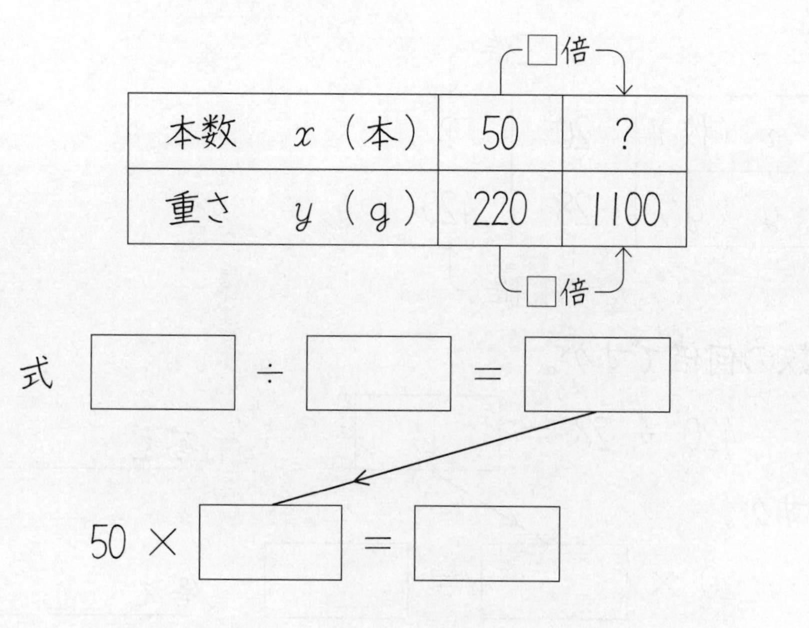

本数　x（本）	50	?
重さ　y（g）	220	1100

□倍　□倍

式　□ ÷ □ = □

50 × □ = □

答え　　　本

比例　4ます表と式　□倍 ⑨

名前　　　　月　日

今回の学習でわかったことは……

1　妹は、5分で300m歩きます。
この速さで1350m歩くと、何分かかりますか。　（電たく使用）

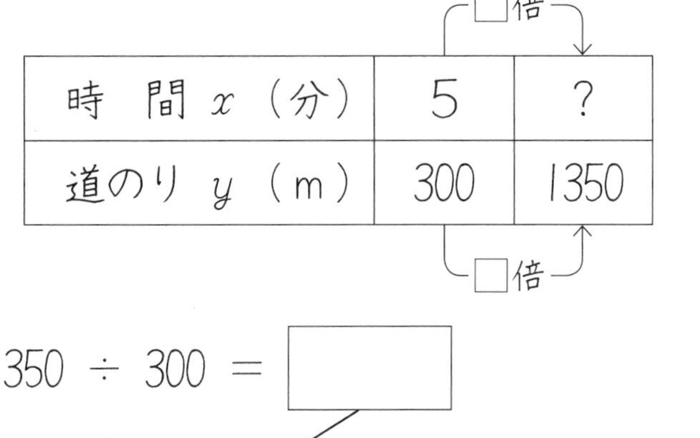

時　間 x（分）	5	?
道のり y（m）	300	1350

□倍

式　1350 ÷ 300 = □

5 × □ = □

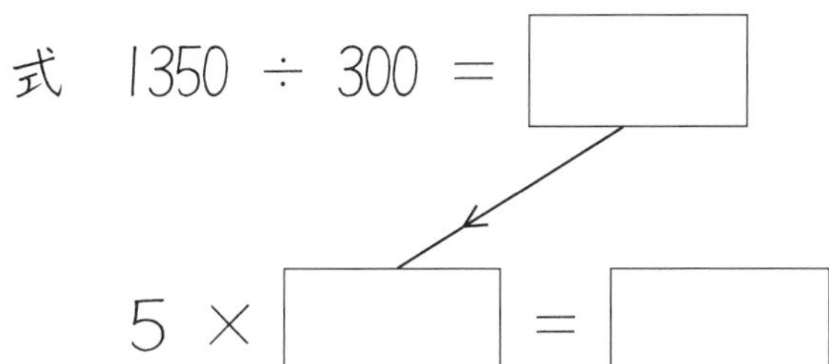

答え　　　分

2　お兄さんは、4分で280m歩きます。
この速さで1820m歩くと、何分かかりますか。　（電たく使用）

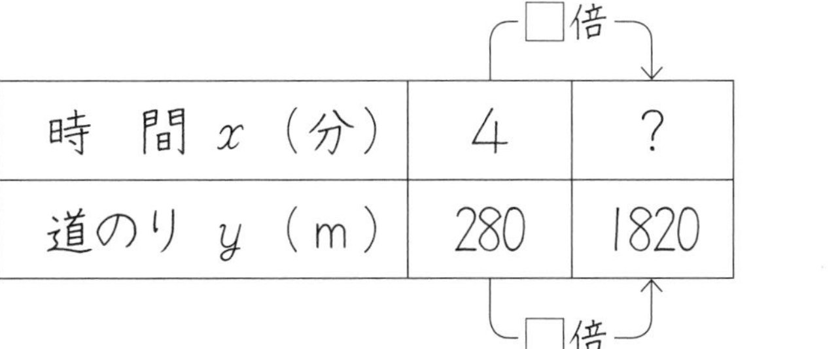

時　間 x（分）	4	?
道のり y（m）	280	1820

□倍

式　1820 ÷ 280 = □

4 × □ = □

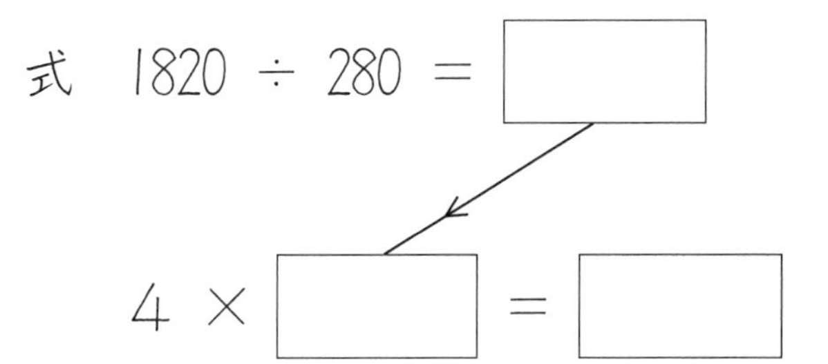

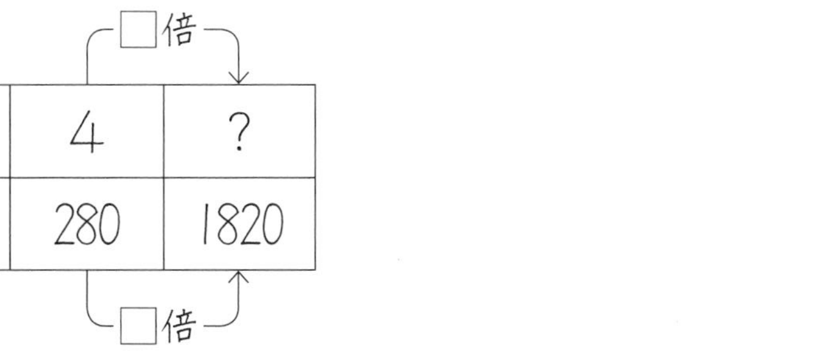

答え　　　分

3　自動車は、6時間で240km進みます。
この速さで600km進むと、何時間かかりますか。（電たく使用）

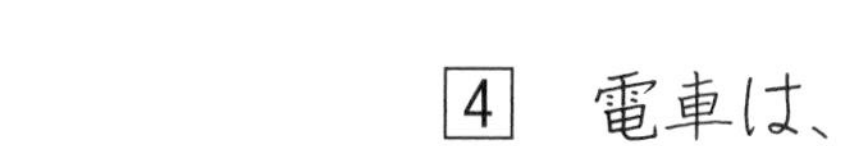

時　間 x（時間）	6	?
道のり y（km）	240	600

□倍

式　600 ÷ □ = □

6 × □ = □

答え　　　時間

4　電車は、3時間で360km進みます。
この速さで1260km進むと、何時間かかりますか。（電たく使用）

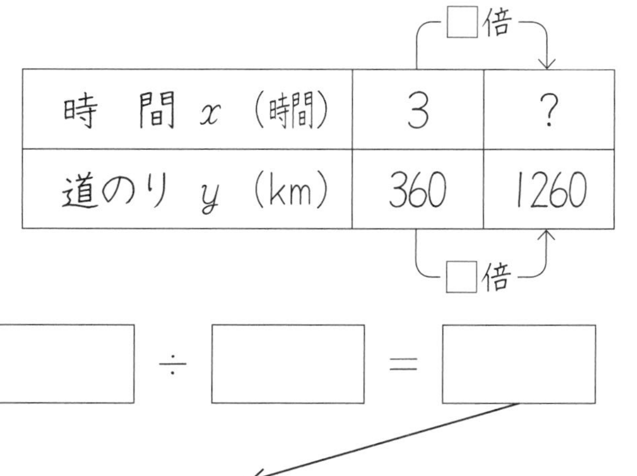

時　間 x（時間）	3	?
道のり y（km）	360	1260

□倍

式　□ ÷ □ = □

3 × □ = □

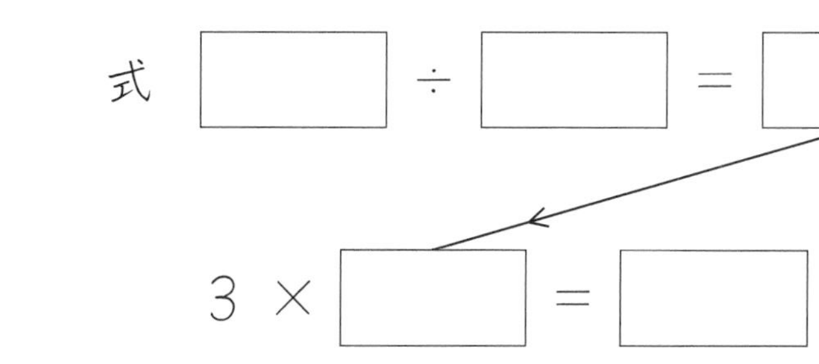

答え　　　時間

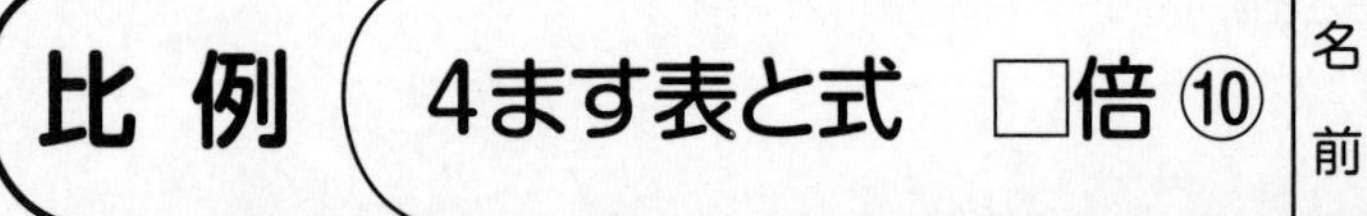

比 例　4ます表と式　□倍 ⑩

名前　　　　月　日

今回の学習でわかったことは……

1. 野口（のぐち）さんは、８分で520m歩きます。
この速さで1560m歩くと、何分かかりますか。（電たく使用）

時　間 x（分）	8	?
道のり y（m）	520	1560

（□倍）

式　1560 ÷ 520 = □

8 × □ = □

答え＿＿＿分

2. 水野（みずの）さんは、15秒で12m泳ぎます。
この速さで54m泳ぐと何秒かかりますか。（電たく使用）

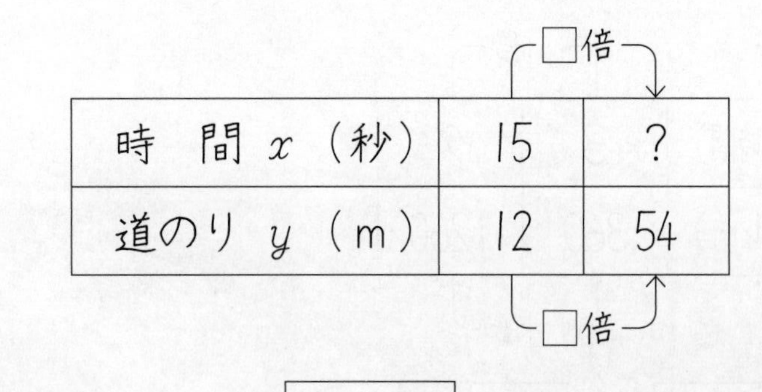

時　間 x（秒）	15	?
道のり y（m）	12	54

（□倍）

式　54 ÷ 12 = □

15 × □ = □

答え＿＿＿秒

3. ウミガメは、15秒で138m泳ぎます。
この速さで1656m泳ぐと、何秒かかりますか。（電たく使用）

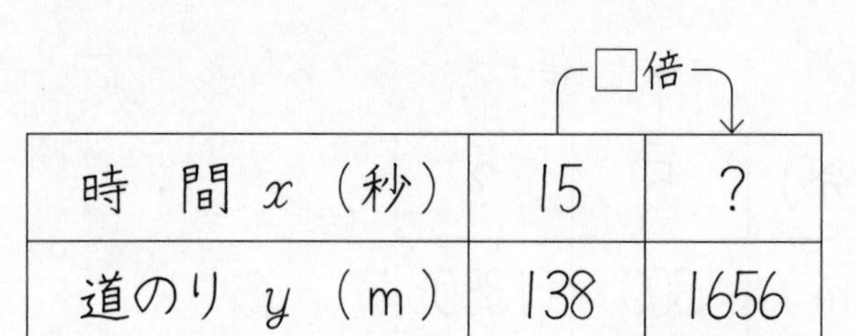

時　間 x（秒）	15	?
道のり y（m）	138	1656

（□倍）

式　1656 ÷ □ = □

15 × □ = □

答え＿＿＿秒

4. マグロは、15秒で225m泳ぎます。
この速さで1440m泳ぐと、何秒かかりますか。（電たく使用）

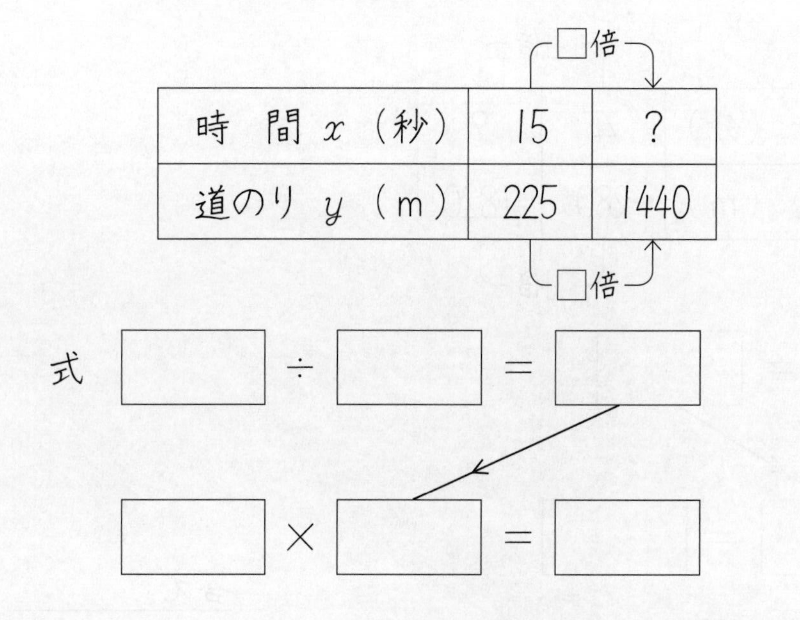

時　間 x（秒）	15	?
道のり y（m）	225	1440

（□倍）

式　□ ÷ □ = □

□ × □ = □

答え＿＿＿秒

比例　4ます表と式　□倍 ⑪

名前　　　月　日

今回の学習のポイントは……
4ますの表を見て、？ を求める式をかきましょう。式は２つずつです。

1　５個で420円のミカンを、35個買います。
代金は、何円になりますか。

x（個）	5	35
y（円）	420	？

式

答え　　　円

2　６mで480円のリボンを、24m買います。
代金は、何円になりますか。

x（m）	6	24
y（円）	480	？

式

答え　　　円

3　４個で500円のナシを、32個買います。
代金は、何円になりますか。

x（個）	4	32
y（円）	500	？

式

答え　　　円

4　４個で580円のリンゴを、60個買います。
代金は、何円になりますか。　（電たく使用）

x（個）	4	60
y（円）	580	？

式

答え　　　円

比 例　4ます表と式　□倍 ⑫

名前　　　　月　日

今回の学習でわかったことは……

1 480mの道のりを、自転車で走ると３分かかりました。
この速さで18分走ると、何m進みますか。

x（分）	3	18
y（m）	480	?

式

答え　　　m

2 15kmの道のりを、特急電車は６分で走りました。
この速さで54分走ると、何km進みますか。

x（分）	6	54
y（km）	15	?

式

答え　　　km

3 お兄さんは、４分で650m走ります。
この速さで32分走ると、何m進みますか。（電たく使用）

x（分）	4	32
y（m）	650	?

式

答え　　　m

4 キリンは、４秒で34m走ります。
この速さで48秒走ると、何m進みますか。（電たく使用）

x（秒）	4	48
y（m）	34	?

式

答え　　　m

比例　4ます表と式　□倍 ⑬

名前　　　　月　日

今回の学習でわかったことは……

1　6個で210円のタマゴがあります。
1680円で、このタマゴは何個買えますか。　（電たく使用）

x（個）	6	?
y（円）	210	1680

式

答え　　個

2　6個で252円のトマトがあります。
1764円で、このトマトは何個買えますか。　（電たく使用）

x（個）	6	?
y（円）	252	1764

式

答え　　個

3　4枚（まい）で72円の厚紙があります。
1728円で、この厚紙は何枚買えますか。　（電たく使用）

x（枚）	4	?
y（円）	72	1728

式

答え　　枚

4　3冊（さつ）で288円のノートがあります。
7776円で、このノートは何冊買えますか。　（電たく使用）

x（冊）	3	?
y（円）	288	7776

式

答え　　冊

比 例　4ます表と式　□倍 ⑭

名前　　　月　日

今回の学習でわかったことは……

1 4分で610m走る人がいます。
この速さで4270mを走ると、何分かかりますか。（電たく使用）

x（分）	4	?
y（m）	610	4270

式 ＿＿＿＿＿＿＿＿

答え ＿＿＿＿ 分

2 5分で16kmを飛ぶヘリコプターがあります。
この速さで224kmを飛ぶと、何分かかりますか。（電たく使用）

x（分）	5	?
y（km）	16	224

式 ＿＿＿＿＿＿＿＿

答え ＿＿＿＿ 分

3 ツバメは、8秒で130m飛びます。
この速さで1950mを飛ぶと、何秒かかりますか。（電たく使用）

x（秒）	8	?
y（m）	130	1950

式 ＿＿＿＿＿＿＿＿

答え ＿＿＿＿ 秒

4 特急電車は、6分で9km走ります。
この速さで342kmを走ると、何分かかりますか。（電たく使用）

x（分）	6	?
y（km）	9	342

式 ＿＿＿＿＿＿＿＿

答え ＿＿＿＿ 分

比 例　4ます表と式　$y \div x$ ①

名前　　　　月　日

今回の学習のポイントは……
単位あたりの量（きまった数）からyを求めます。

1　折り紙は、20枚(まい)で24gです。
この折り紙240枚では、何gですか。　（電たく使用）

枚数　x（枚）	20	240
重さ　y（g）	24	？

y＝きまった数×x

式　24 ÷ 20 ＝ □（きまった数） ……1枚分の重さ

□ × 240 ＝ □

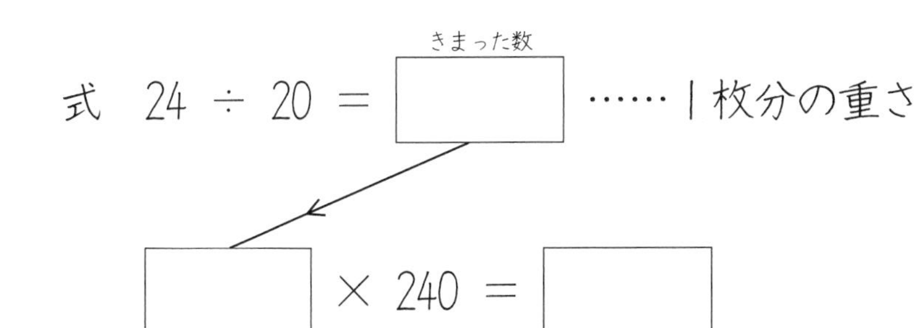

答え　　　g

2　両面折り紙は、20枚で28gです。
この両面折り紙250枚では、何gですか。　（電たく使用）

枚数　x（枚）	20	250
重さ　y（g）	28	？

式　28 ÷ 20 ＝ □

□ × 250 ＝ □

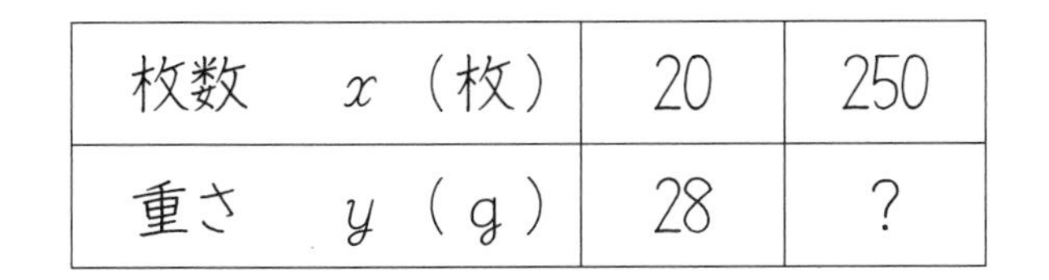

答え　　　g

3　和紙の折り紙は、10枚で16gです。
この和紙の折り紙240枚では、何gですか。　（電たく使用）

枚数　x（枚）	10	240
重さ　y（g）	16	？

式　16 ÷ □ ＝ □

□ × □ ＝ □

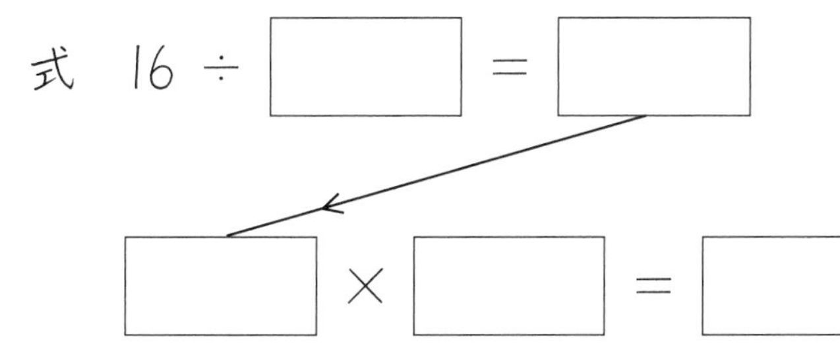

答え　　　g

4　小さい折り紙は、10枚で3gです。
この小さい折り紙1000枚では、何gですか。

枚数　x（枚）	10	1000
重さ　y（g）	3	？

式　□ ÷ □ ＝ □

□ × □ ＝ □

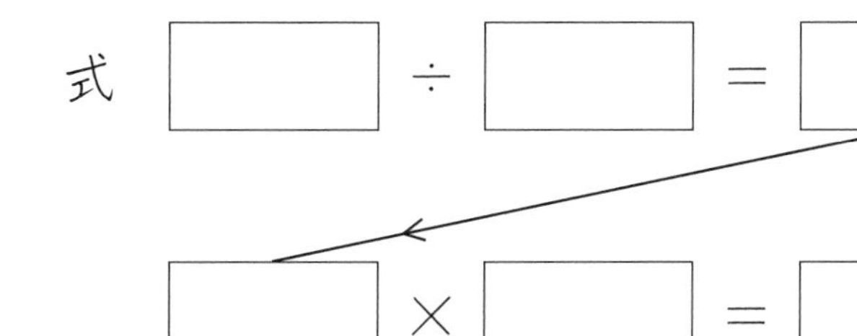

答え　　　g

比 例　4ます表と式　$y \div x$ ②

名前　　　　月　日

今回の学習のポイントは……
1は1gあたりの、2は1Lあたりの、3は1mLあたりの、4は1本あたりのyの値が、きまった数です。

1　120gで900円の緑茶があります。
この緑茶300gは、何円ですか。　（電たく使用）

重さ　x（g）	120	300
代金　y（円）	900	？

y＝きまった数×x

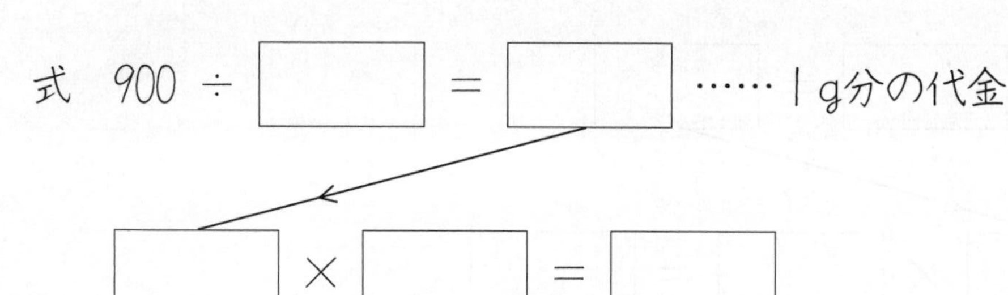

式　900 ÷ □ ＝ □ ……1g分の代金

□ × □ ＝ □

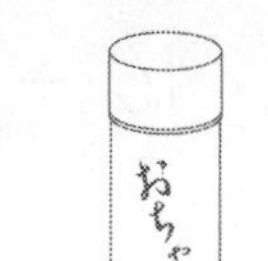
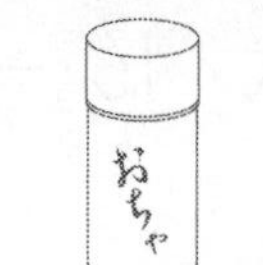

答え　　　円

2　5Lで8kgの米があります。
この米18Lは、何kgですか。　（電たく使用）

米の量　x（L）	5	18
重さ　y（kg）	8	？

式　□ ÷ 5 ＝ □

□ × □ ＝ □

答え　　　kg

3　80mLで72gの食用油があります。
この食用油500mLは、何gですか。　（電たく使用）

食用油の量 x（mL）	80	500
重さ y（g）	72	？

式　□ ÷ □ ＝ □

□ × □ ＝ □

答え　　　g

4　36本で162gのくぎがあります。
このくぎ150本は、何gですか。　（電たく使用）

本数　x（本）	36	150
重さ　y（g）	162	？

式　□ ÷ □ ＝ □

□ × □ ＝ □

答え　　　g

比例　4ます表と式　$y \div x$ ③

名前　　　月　日

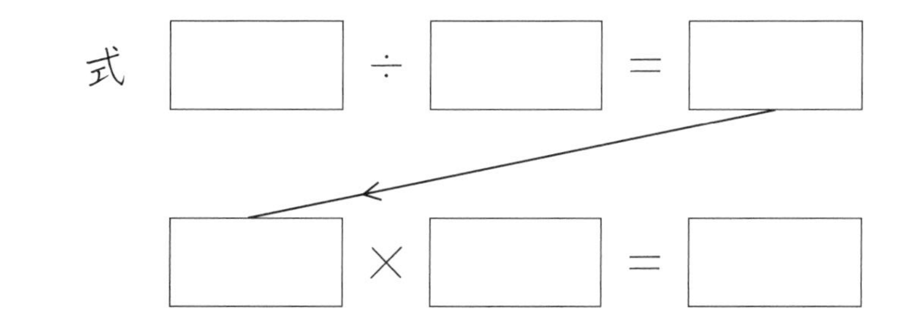

1　大原（おおはら）さんは、12分で780m歩きました。
この速さで80分歩くと、何mになりますか。　（電たく使用）

時　間 x（分）	12	80
道のり y（m）	780	?

y＝きまった数×x

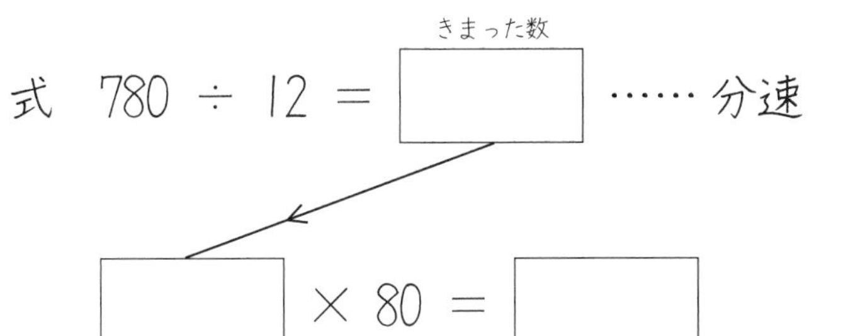

式　780 ÷ 12 ＝ □（きまった数）……分速
□ × 80 ＝ □

答え　　　m

2　中川（なかがわ）さんは、15分で1020m歩きました。
この速さで35分歩くと、何mになりますか。　（電たく使用）

時　間 x（分）	15	35
道のり y（m）	1020	?

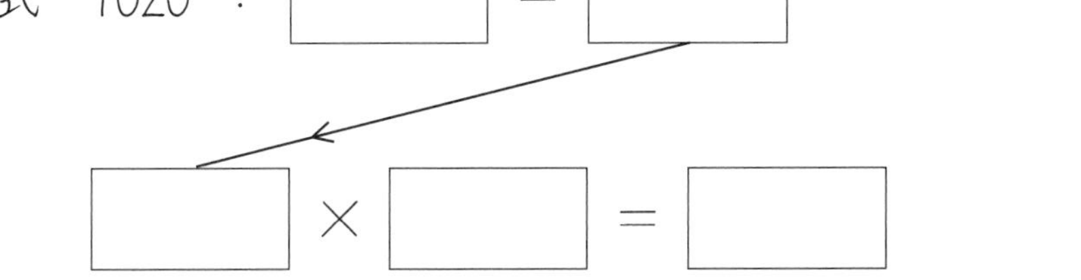
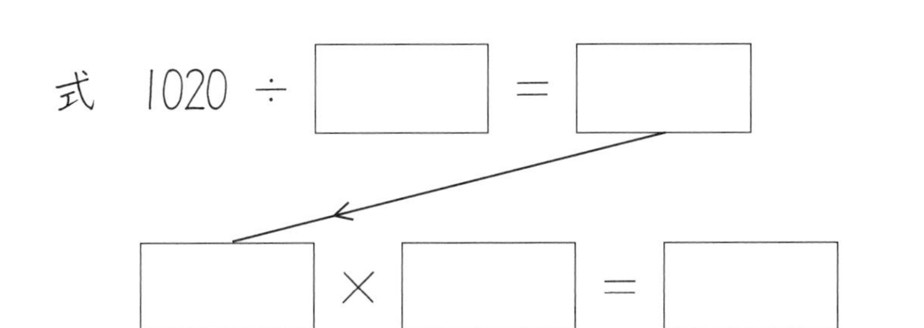

式　1020 ÷ □ ＝ □
□ × □ ＝ □

答え　　　m

3　自動車が4.5時間で180km進みました。
この速さで7時間進むと、何kmになりますか。　（電たく使用）

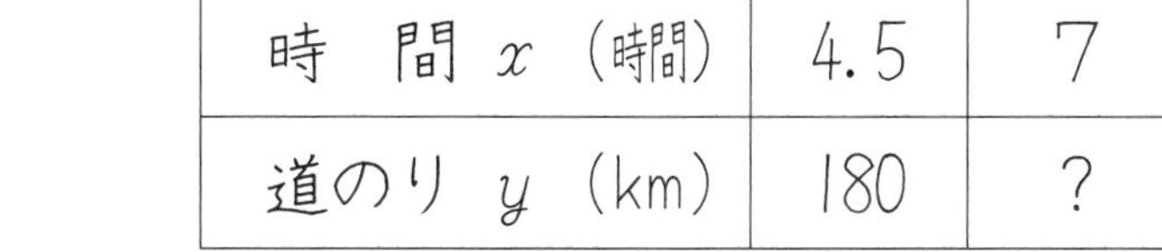

時　間 x（時間）	4.5	7
道のり y（km）	180	?

式　180 ÷ □ ＝ □ ……時速
□ × □ ＝ □

答え　　　km

4　自動車が3.2時間で144km進みました。
この速さで5.8時間進むと、何kmになりますか。　（電たく使用）

時　間 x（時間）	3.2	5.8
道のり y（km）	144	?

式　□ ÷ □ ＝ □
□ × □ ＝ □

答え　　　km

比 例　4ます表と式　$y \div x$ ④

名前　　　　　　月　日

今回の学習のポイントは……
1の4ます表は

25	15
100	?

でもいいのです。2～4も同じです。

1　新幹線のぞみ号は、25分で100km進みます。
この速さで15分走ると、何km進みますか。

時　間 x（分）	15	25
道のり y（km）	?	100

y＝きまった数×x

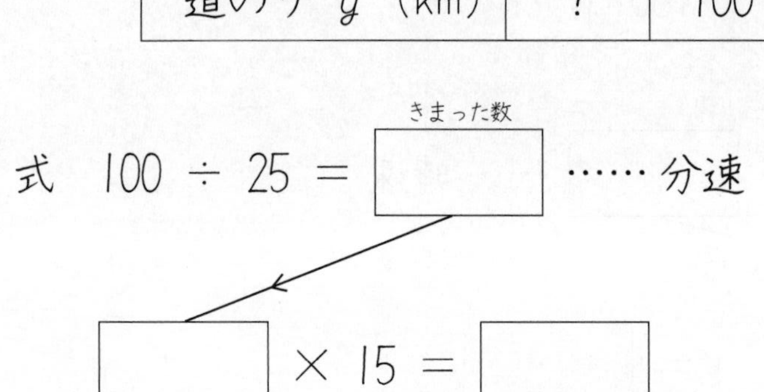

式　100 ÷ 25 ＝ □（きまった数）……分速

□ × 15 ＝ □

答え＿＿＿＿km

2　新幹線ひかり号は、30分で90km進みます。
この速さで25分走ると、何km進みますか。

時　間 x（分）	25	30
道のり y（km）	?	90

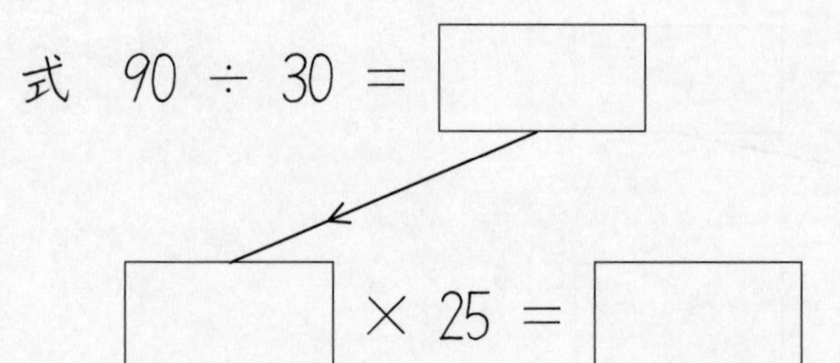

式　90 ÷ 30 ＝ □

□ × 25 ＝ □

答え＿＿＿＿km

3　新幹線はやて号は、20分で70km進みます。
この速さで14分走ると、何km進みますか。　（電たく使用）

時　間 x（分）	14	20
道のり y（km）	?	70

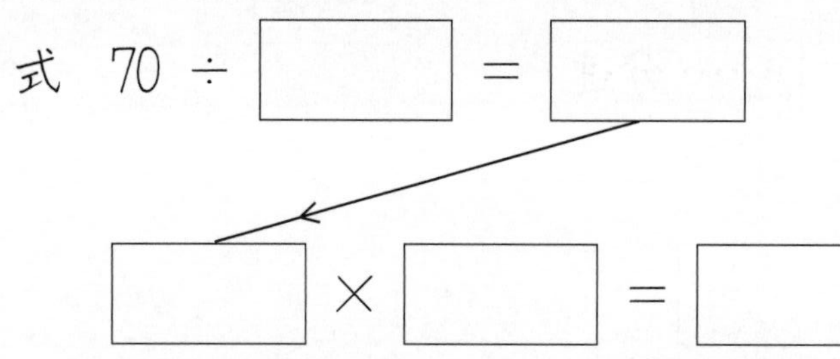

式　70 ÷ □ ＝ □

□ × □ ＝ □

答え＿＿＿＿km

4　新幹線とき号は、40分で112km進みます。
この速さで25分走ると何km進みますか。　（電たく使用）

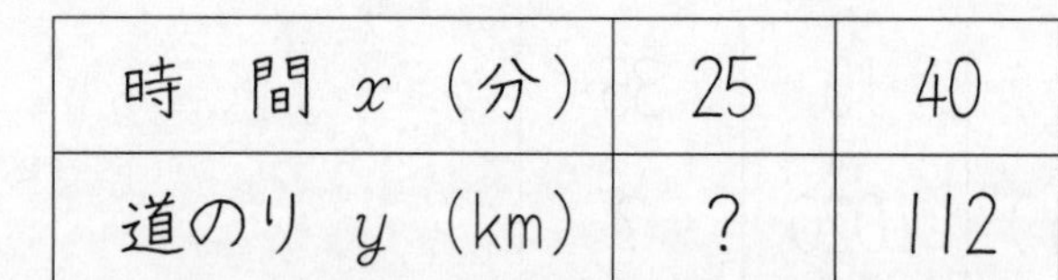

時　間 x（分）	25	40
道のり y（km）	?	112

式　□ ÷ □ ＝ □

□ × □ ＝ □

答え＿＿＿＿km

比例　4ます表と式　$y \div x$ ⑤

名前

月　日

今回の学習のポイントは……
4ます表の中の3つの数はわかっています。わからない1つを？にします。

1 8mで240gの針金（はりがね）があります。
この針金3mでの重さは、何gですか。

長さ　x（m）	3	8
重さ　y（g）	？	240

y＝きまった数×x

式　240 ÷ 8 ＝ □（きまった数）……1m分の重さ

□ × 3 ＝ □

答え　　　g

2 85cmで68gの針金があります。
この針金40cmでの重さは、何gですか。　　（電たく使用）

長さ　x（cm）	40	85
重さ　y（g）	？	68

式　68 ÷ □ ＝ □

□ × □ ＝ □

答え　　　g

3 7mで21kgの鉄の棒（ぼう）があります。
この鉄の棒4mでの重さは、何kgですか。

長さ　x（m）	4	7
重さ　y（kg）	？	21

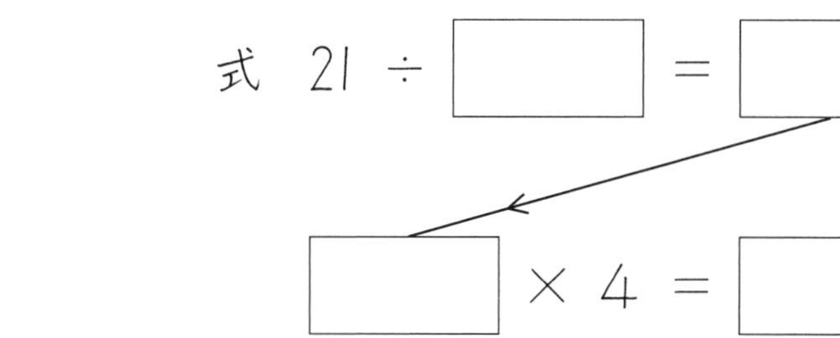

式　21 ÷ □ ＝ □

□ × 4 ＝ □

答え　　　kg

4 8mで22kgの鉄パイプがあります。
この鉄パイプ3mでの重さは、何kgですか。　　（電たく使用）

長さ　x（m）	3	8
重さ　y（kg）	？	22

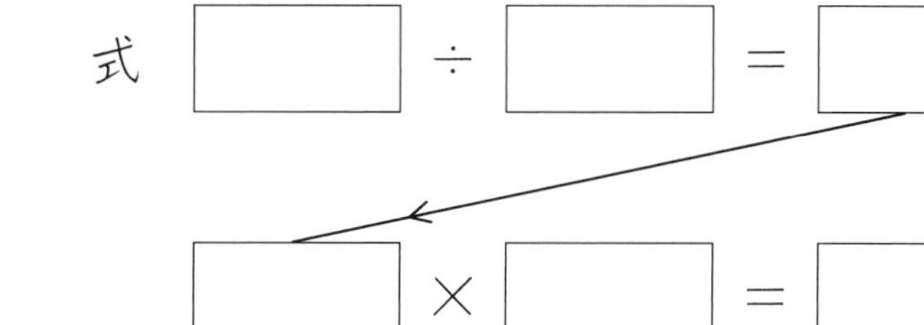

式　□ ÷ □ ＝ □

□ × □ ＝ □

答え　　　kg

比例　4ます表と式　$y \div x$ ⑥

名前　　　　月　日

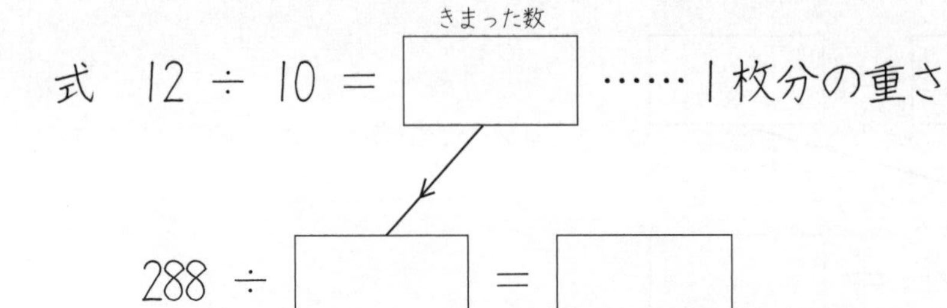

今回の学習のポイントは……
xに？があります。そのxを求めます。

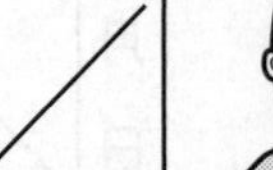

1 折り紙10枚（まい）の重さは、12gです。
この折り紙288gでは、何枚になりますか。（電たく使用）

枚数　x（枚）	10	？
重さ　y（g）	12	288

y＝きまった数×x
（x＝y÷きまった数）

式　12 ÷ 10 ＝ □（きまった数）……1枚分の重さ

288 ÷ □ ＝ □

答え　　　枚

2 両面折り紙10枚の重さは、14gです。
この両面折り紙350gでは、何枚になりますか。（電たく使用）

枚数　x（枚）	10	？
重さ　y（g）	14	350

式　14 ÷ 10 ＝ □

350 ÷ □ ＝ □

答え　　　枚

3 和紙の折り紙20枚の重さは、32gです。
この和紙の折り紙960gでは、何枚になりますか。（電たく使用）

枚数　x（枚）	20	？
重さ　y（g）	32	960

式　32 ÷ □ ＝ □

□ ÷ □ ＝ □

答え　　　枚

4 小さい折り紙20枚の重さは、6gです。
この小さい折り紙300gでは、何枚になりますか。（電たく使用）

枚数　x（枚）	20	？
重さ　y（g）	6	300

式　□ ÷ □ ＝ □

□ ÷ □ ＝ □

答え　　　枚

今回の学習でわかったことは……

1　4dLのペンキで、2.4m²のへいがぬれます。
3m²ぬるには、このペンキが何dLいりますか。

ペンキの量 x（dL）	4	?
面　積 y（m²）	2.4	3

y＝きまった数×x
（x＝y÷きまった数）

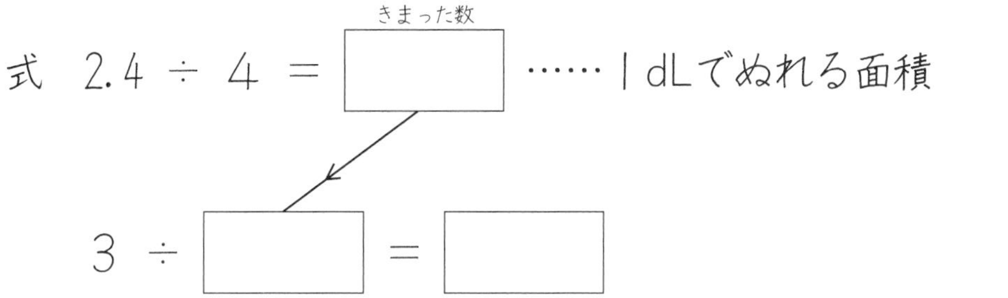

式　2.4 ÷ 4 ＝ □（きまった数）……1dLでぬれる面積

3 ÷ □ ＝ □

答え　　　dL

2　5dLのペンキで、2.5m²のへいがぬれます。
3.5m²ぬるには、このペンキが何dLいりますか。

ペンキの量 x（dL）	5	?
面　積 y（m²）	2.5	3.5

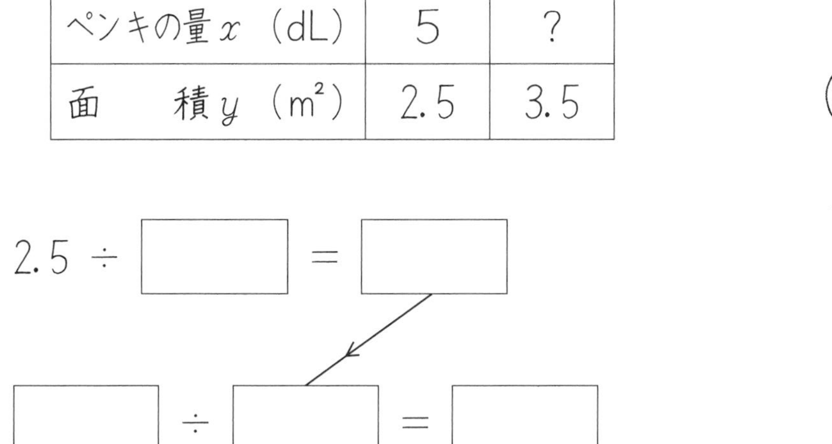

式　2.5 ÷ □ ＝ □

□ ÷ □ ＝ □

答え　　　dL

3　6dLのペンキで、2.7m²のへいがぬれます。
3.6m²ぬるには、このペンキが何dLいりますか。（電たく使用）

ペンキの量 x（dL）	6	?
面　積 y（m²）	2.7	3.6

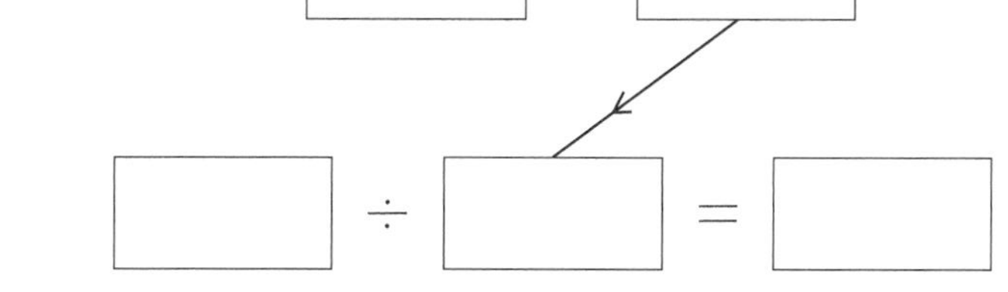

式　2.7 ÷ □ ＝ □

□ ÷ □ ＝ □

答え　　　dL

4　4dLのペンキで、2.2m²のへいがぬれます。
3.3m²ぬるには、このペンキが何dLいりますか。（電たく使用）

ペンキの量 x（dL）	4	?
面　積 y（m²）	2.2	3.3

式　□ ÷ □ ＝ □

□ ÷ □ ＝ □

答え　　　dL

比 例　4ます表と式　$y \div x$ ⑧

名前　　　月　日

今回の学習でわかったことは……

1　東京から名古屋までは、370kmです。２時間で148km走る自動車で、この道のりを走ると、何時間かかりますか。（電たく使用）

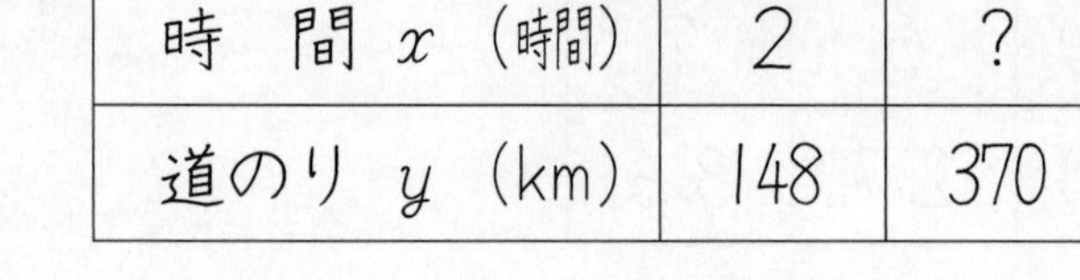

時　間 x（時間）	2	?
道のり y（km）	148	370

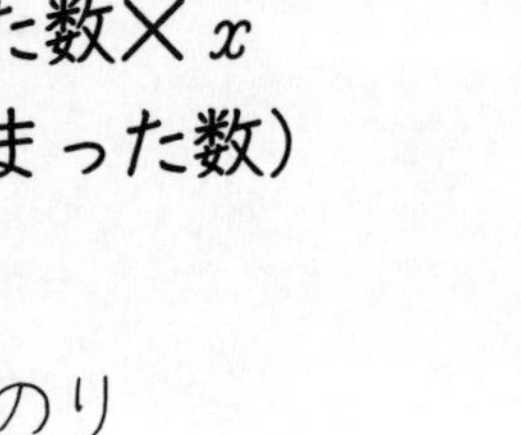

y＝きまった数×x
（x＝y÷きまった数）

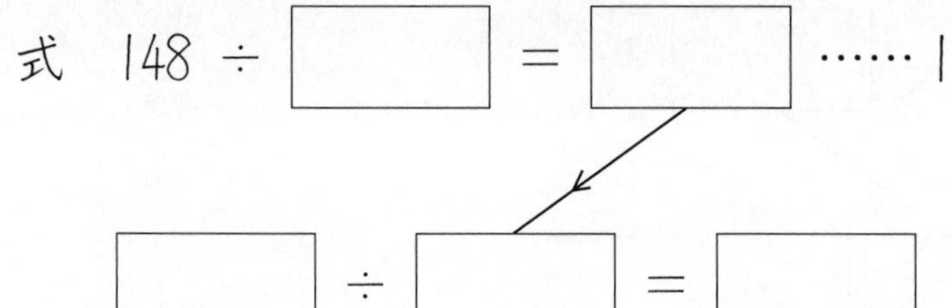

式　148 ÷ □ ＝ □ ……１時間で進む道のり

□ ÷ □ ＝ □

答え＿＿＿＿時間

2　東京から長野までは、220kmです。３時間で120km走る自動車で、この道のりを走ると、何時間かかりますか。（電たく使用）

時　間 x（時間）	3	?
道のり y（km）	120	220

式　□ ÷ 3 ＝ □

□ ÷ □ ＝ □

答え＿＿＿＿時間

3　ハトは、30秒で780m飛びます。
この速さで1950m飛ぶと、何秒かかりますか。（電たく使用）

時　間 x（秒）	30	?
道のり y（m）	780	1950

式　□ ÷ □ ＝ □

□ ÷ □ ＝ □

答え＿＿＿＿秒

4　チーターは、８秒で256m走ります。
この速さで1120m走ると、何秒かかりますか。（電たく使用）

時　間 x（秒）	8	?
道のり y（m）	256	1120

式　□ ÷ □ ＝ □

□ ÷ □ ＝ □

答え＿＿＿＿秒

比例　4ます表と式　$y \div x$ ⑨

名前　　　月　日

今回の学習のポイントは……
1の4ます表は

24	?
120	35

でもいいのです。2〜4も同じです。

1　水そうに水を入れると、24分で深さが120cmになります。
深さが35cmになるのは、何分のときですか。

時間　x（分）	?	24
深さ　y（cm）	35	120

y＝きまった数×x
（x＝y÷きまった数）

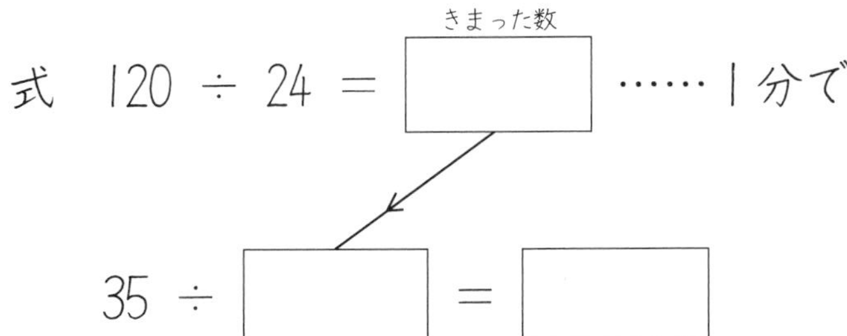

式　120 ÷ 24 = □（きまった数）……1分でたまる水の深さ

35 ÷ □ = □

答え＿＿＿＿分

2　水そうに水を入れると、60分で深さが180cmになります。
深さが45cmになるのは、何分のときですか。

時間　x（分）	?	60
深さ　y（cm）	45	180

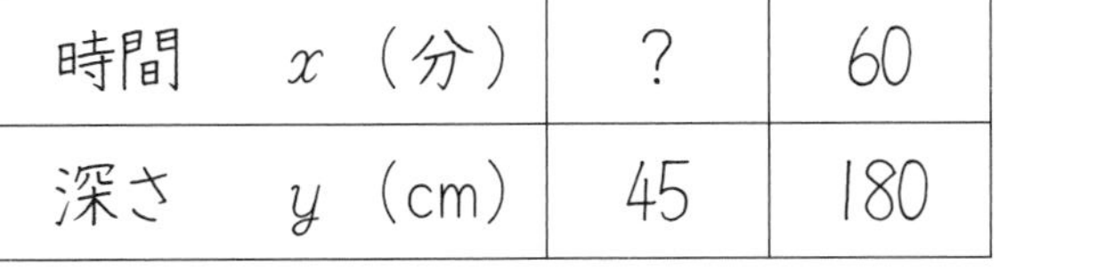

式　180 ÷ 60 = □

45 ÷ □ = □

答え＿＿＿＿分

3　水そうに水を入れると、50分で深さが200cmになります。
深さが140cmになるのは、何分のときですか。

時間　x（分）	?	50
深さ　y（cm）	140	200

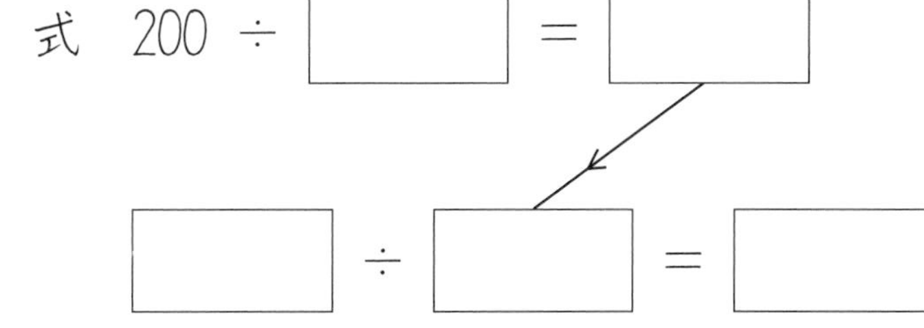

式　200 ÷ □ = □

□ ÷ □ = □

答え＿＿＿＿分

4　水そうに水を入れると、45分で270cmになります。
深さが210cmになるのは、何分のときですか。　（電たく使用）

時間　x（分）	?	45
深さ　y（cm）	210	270

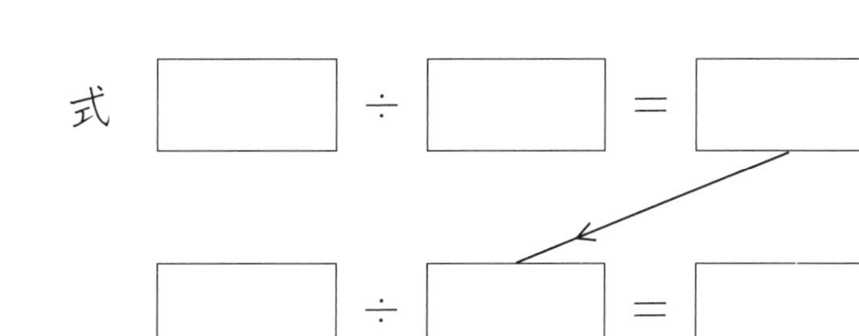

式　□ ÷ □ = □

□ ÷ □ = □

答え＿＿＿＿分

比例　4ます表と式　$y \div x$ ⑩

名前　　　月　日

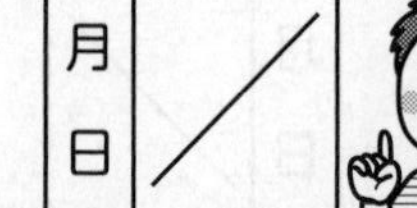

今回の学習でわかったことは……

1　5Lのガソリンで、90km進む自動車があります。
この自動車が54km進むには、ガソリンは何Lいりますか。

ガソリンの量 x（L）	？	5
道　の　り y（km）	54	90

y＝きまった数×x
（x＝y÷きまった数）

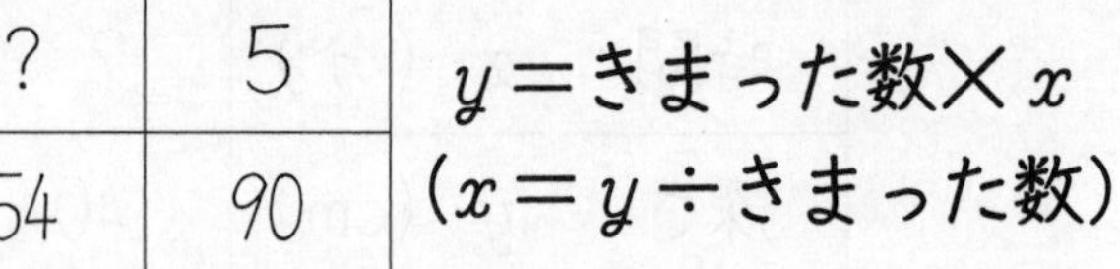

式　90 ÷ 5 ＝ □（きまった数）……1Lで走れる道のり

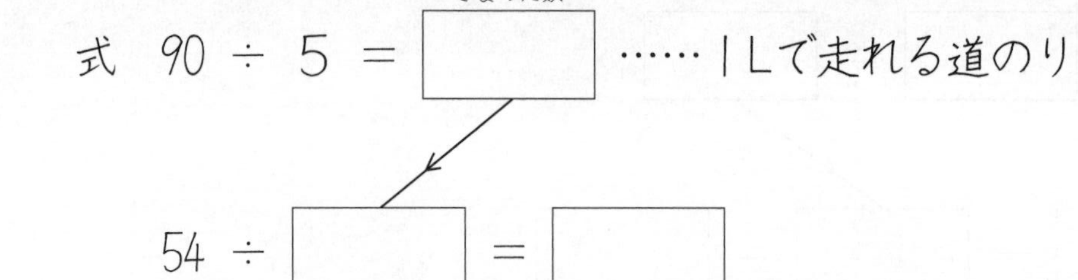

54 ÷ □ ＝ □

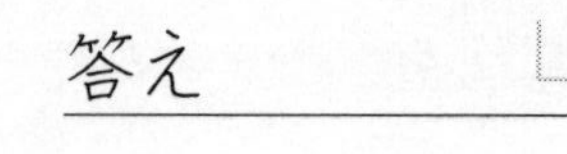

答え＿＿＿＿L

2　6Lのガソリンで、168km進む自動車があります。
この自動車が140km進むには、ガソリンは何Lいりますか。
（電たく使用）

ガソリンの量 x（L）	？	6
道　の　り y（km）	140	168

式　168 ÷ □ ＝ □

□ ÷ □ ＝ □

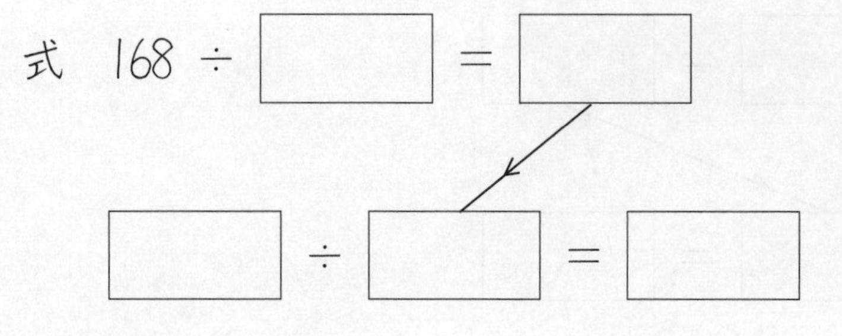

答え＿＿＿＿L

3　10Lのガソリンで、225km進む自動車があります。
この自動車が90km進むには、ガソリンは何Lいりますか。
（電たく使用）

ガソリンの量 x（L）	？	10
道　の　り y（km）	90	225

式　225 ÷ □ ＝ □

□ ÷ □ ＝ □

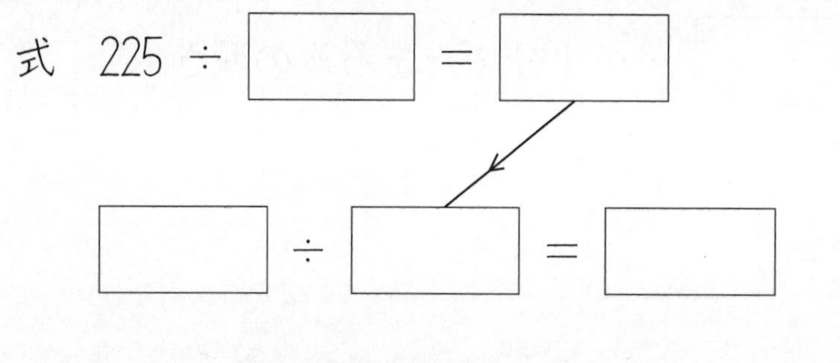

答え＿＿＿＿L

4　8Lのガソリンで、196km進む自動車があります。
この自動車が147km進むには、ガソリンは何Lいりますか。
（電たく使用）

ガソリンの量 x（L）	？	8
道　の　り y（km）	147	196

式　□ ÷ □ ＝ □

□ ÷ □ ＝ □

答え＿＿＿＿L

比例　4ます表と式　$y \div x$ ⑪

名前　　　月　日

今回の学習のポイントは……
4ますの表を見て、？を求める式をかきましょう。式は2つずつです。

1　2本で3Lの水が入るペットボトルが、15本あります。
全部に水を入れると、何Lになりますか。（電たく使用）

x（本）	2	15
y（L）	3	？

式

答え　　L

2　2本で1Lの水が入るペットボトルが、25本あります。
全部に水を入れると、何Lになりますか。（電たく使用）

x（本）	2	25
y（L）	1	？

式

答え　　L

3　3本で2100mLのジュースが入るびんが、25本あります。
全部にジュースを入れると、何mLになりますか。（電たく使用）

x（本）	3	25
y（mL）	2100	？

式

答え　　mL

4　3本で720mLの食用油が入るびんが、35本あります。
全部に食用油を入れると、何mLになりますか。（電たく使用）

x（本）	3	35
y（mL）	720	？

式

答え　　mL

比例　4ます表と式　$y \div x$ ⑫

名前　　　月　日

今回の学習でわかったことは……

1 24kmの道のりを、自転車で走ると2時間かかりました。
この速さで5時間走ると、何km進みますか。　（電たく使用）

x（時間）	2	5
y（km）	24	?

式

答え　　km

2 15kmの道のりを、特急電車は6分で走りました。
この速さで40分走ると、何km進みますか。　（電たく使用）

x（分）	6	40
y（km）	15	?

式

答え　　km

3 お兄さんは、4分で700m走ります。
この速さで30分走ると、何m進みますか。　（電たく使用）

x（分）	4	30
y（m）	700	?

式

答え　　m

4 キリンは、4秒で34m走ります。
この速さで45秒走ると、何m進みますか。　（電たく使用）

x（秒）	4	45
y（m）	34	?

式

答え　　m

比例　4ます表と式　$y \div x$ ⑬

名前　　　　月　日

今回の学習でわかったことは……

1 同じねじがたくさんあります。全体の重さは1400gです。このねじ6本分は48gです。ねじは、何本ありますか。　（電たく使用）

x（本）	6	?
y（g）	48	1400

式

答え　　　本

2 同じねじがたくさんあります。全体の重さは1485gです。このねじ5本分は45gです。ねじは、何本ありますか。　（電たく使用）

x（本）	5	?
y（g）	45	1485

式

答え　　　本

3 8本で56gのくぎが、全部で1274gあります。このくぎは、全部で何本ありますか。　（電たく使用）

x（本）	8	?
y（g）	56	1274

式

答え　　　本

4 4本で48gのくぎが、全部で1860gあります。このくぎは、全部で何本ありますか。　（電たく使用）

x（本）	4	?
y（g）	48	1860

式

答え　　　本

比 例　4ます表と式　$y \div x$ ⑭

名前　　　　月　日

今回の学習でわかったことは……

1　4分で600m走る人がいます。
この速さで2250mを走ると、何分かかりますか。（電たく使用）

x（分）	4	?
y（m）	600	2250

式

答え　　　分

2　5分で15kmを飛ぶヘリコプターがあります。
この速さで102kmを飛ぶと、何分かかりますか。（電たく使用）

x（分）	5	?
y（km）	15	102

式

答え　　　分

3　ツバメは、5秒で80m飛びます。
この速さで1024mを飛ぶと、何秒かかりますか。（電たく使用）

x（秒）	5	?
y（m）	80	1024

式

答え　　　秒

4　急行電車は、5分で7km走ります。
この速さで119kmを走ると、何分かかりますか。（電たく使用）

x（分）	5	?
y（km）	7	119

式

答え　　　分

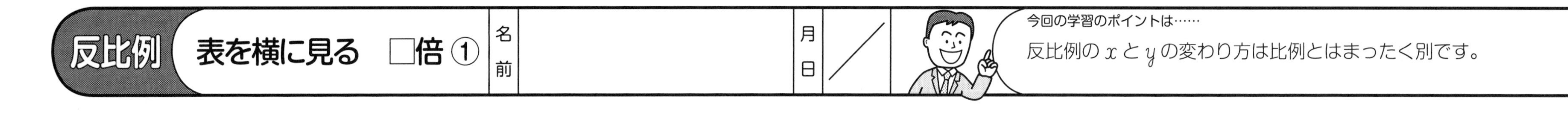

反比例　表を横に見る　□倍 ①

名前　　月　日

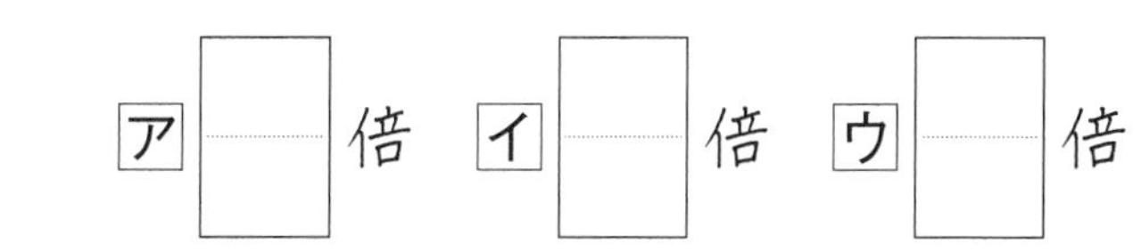

1　面積が12cm²の長方形をかきましょう。
（縦の長さも横の長さも整数とします。）

・12cm²の長方形

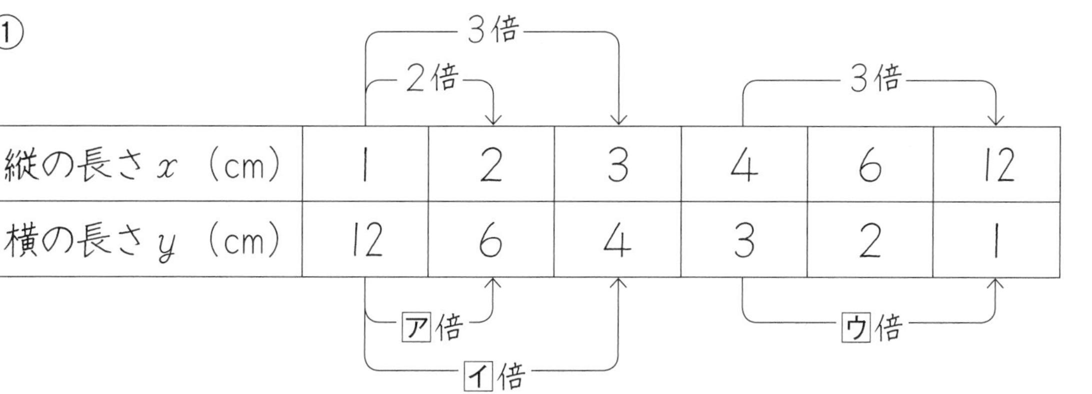

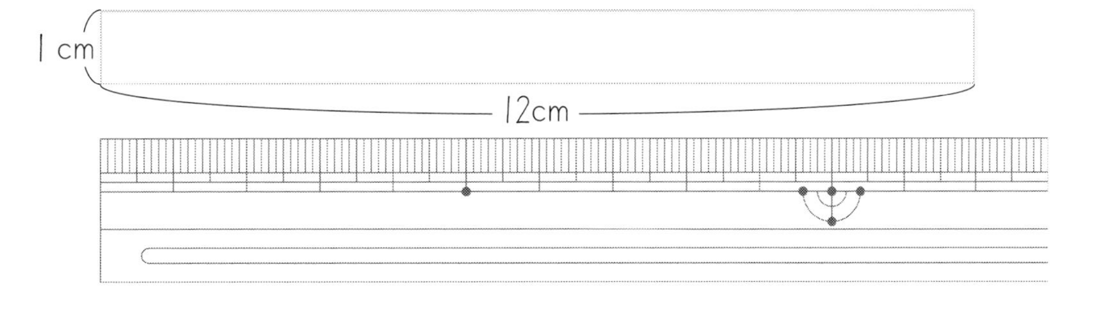

2　面積が12cm²の長方形の縦の長さと横の長さの関係を、表で調べてみましょう。

①

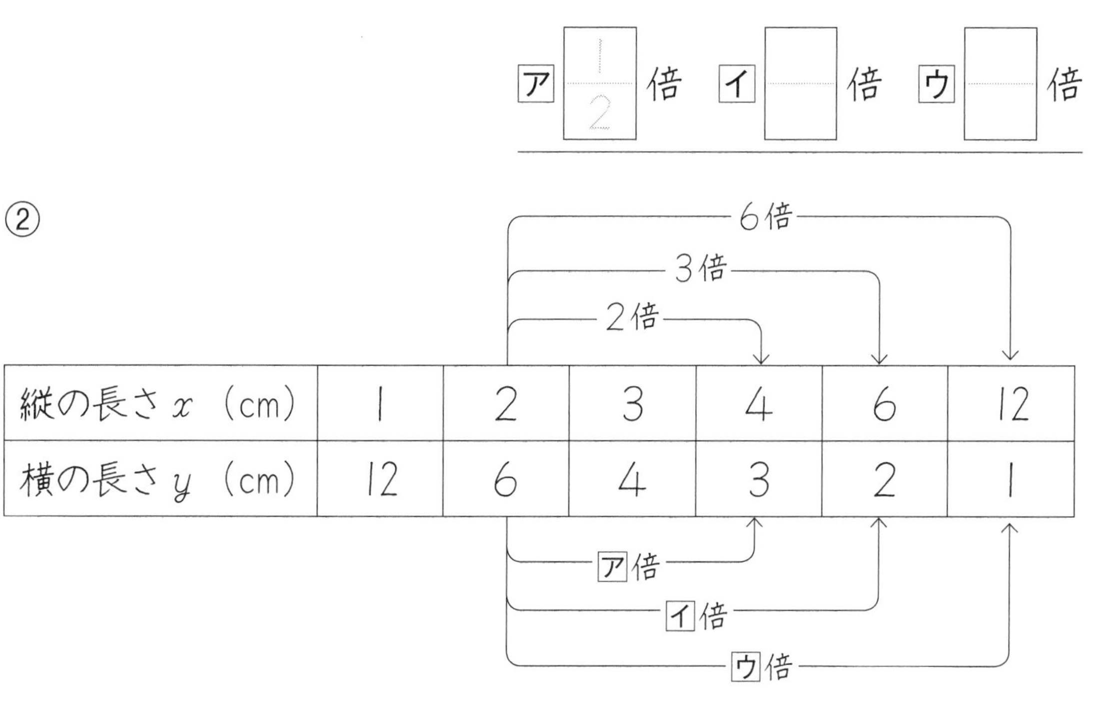

縦の長さ x (cm)	1	2	3	4	6	12
横の長さ y (cm)	12	6	4	3	2	1

アイウは、それぞれもとの数の何倍ですか。

ア $\frac{1}{2}$ 倍　イ □倍　ウ □倍

②

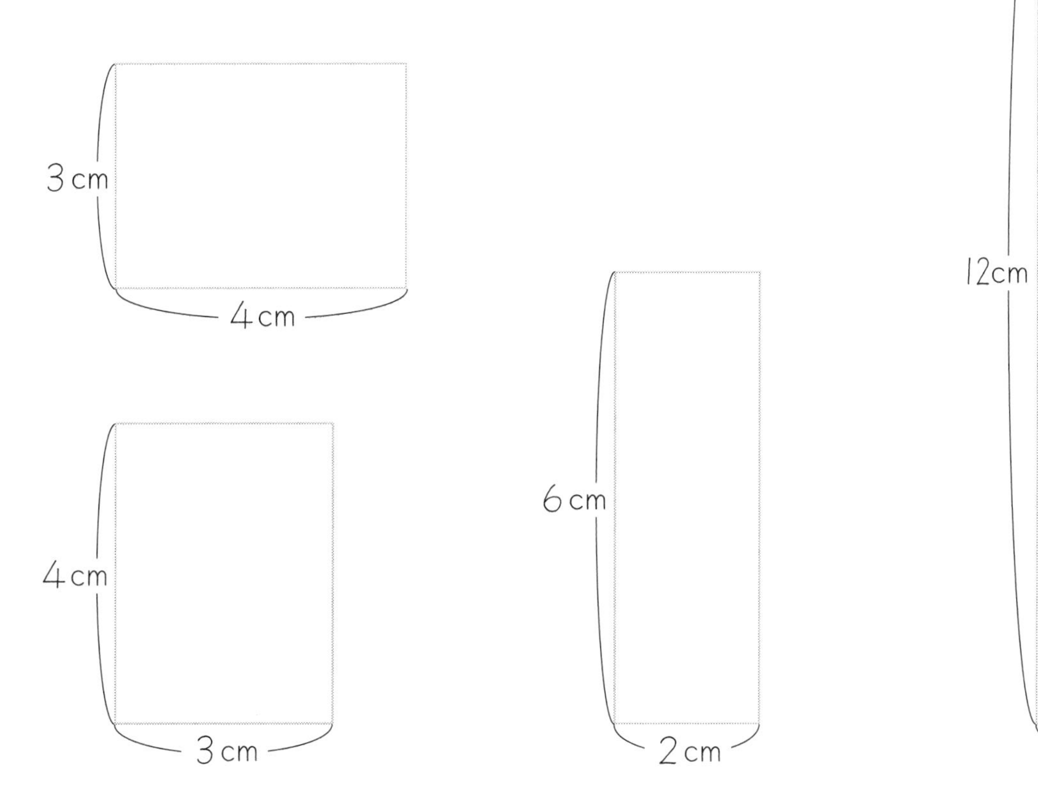

縦の長さ x (cm)	1	2	3	4	6	12
横の長さ y (cm)	12	6	4	3	2	1

アイウは、それぞれもとの数の何倍ですか。

ア □倍　イ □倍　ウ □倍

今回の学習のポイントは……
面積が変わらないから、縦×横＝6です。($x \times y = 6$)

1 面積が6 cm²の長方形をかきましょう。
(縦の長さは、整数とします。)

・6 cm²の長方形

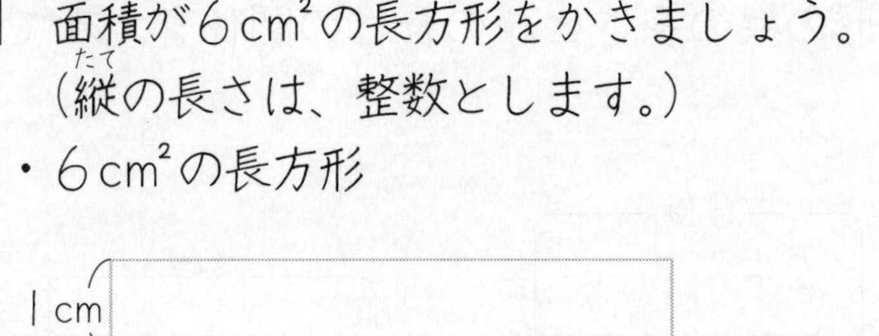

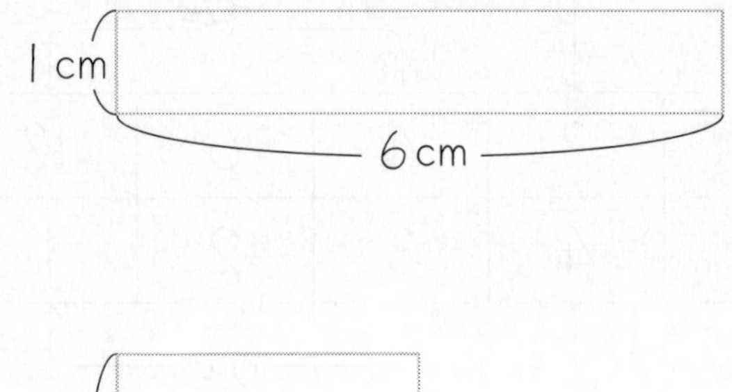

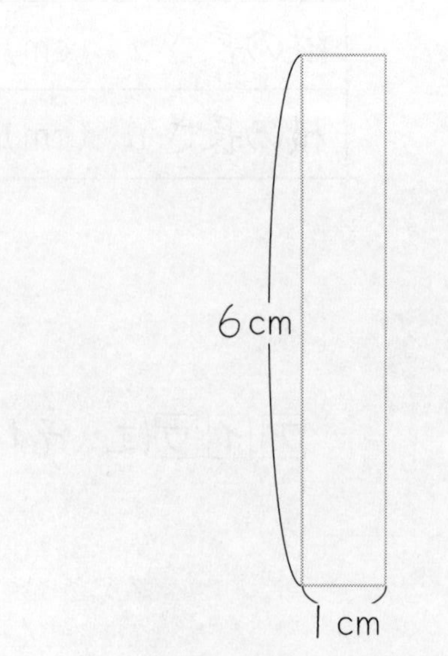

2 面積が6 cm²の長方形の縦の長さと横の長さの関係を、表で調べてみましょう。

①

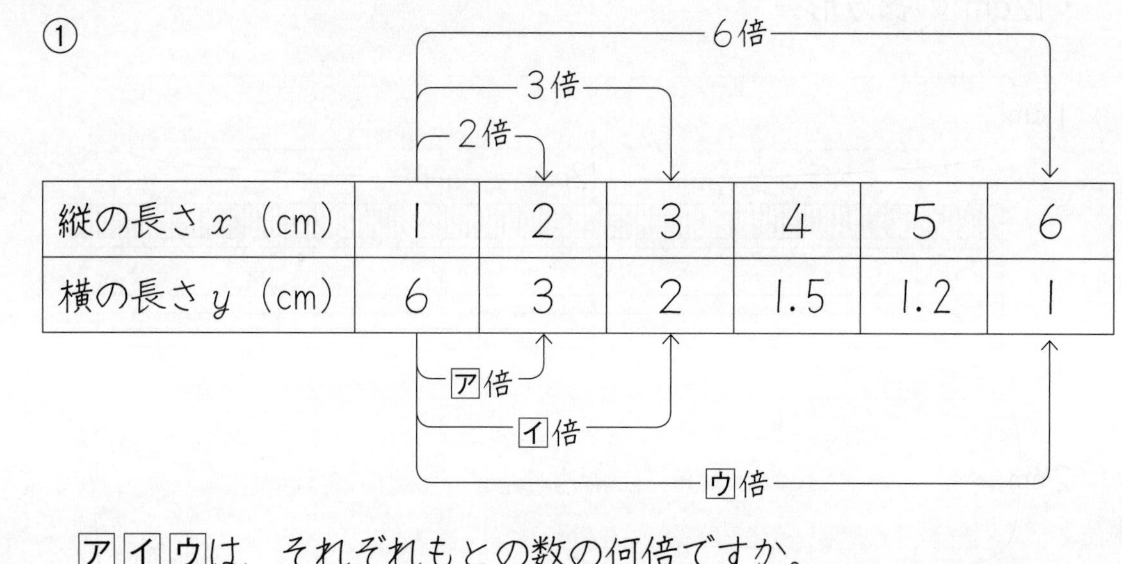

縦の長さ x (cm)	1	2	3	4	5	6
横の長さ y (cm)	6	3	2	1.5	1.2	1

アイウは、それぞれもとの数の何倍ですか。

ア $\frac{1}{2}$ 倍 イ □ 倍 ウ □ 倍

②

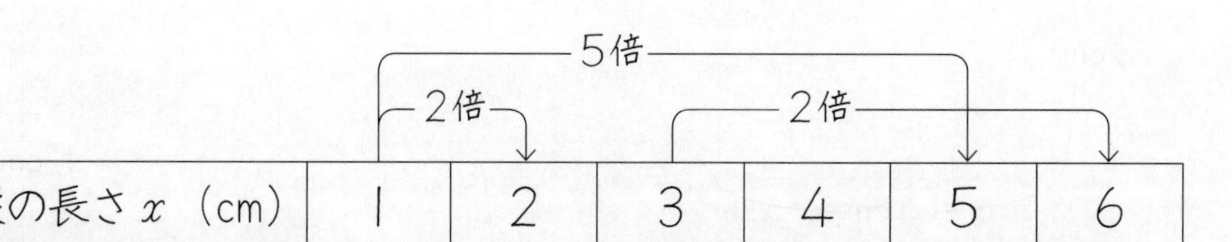

縦の長さ x (cm)	1	2	3	4	5	6
横の長さ y (cm)	6	3	2	1.5	1.2	1

アイウは、それぞれもとの数の何倍ですか。

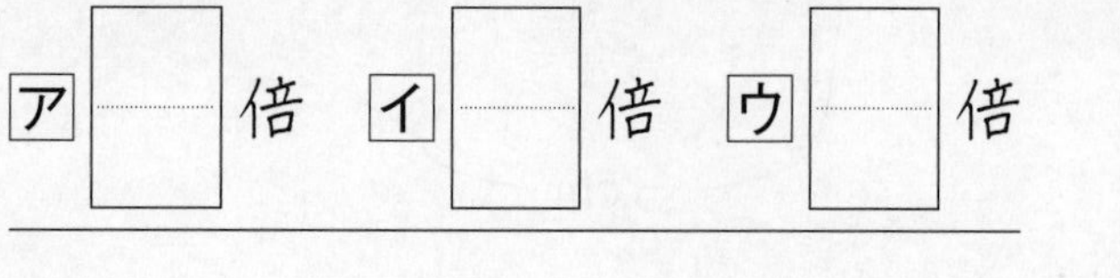

ア □ 倍 イ □ 倍 ウ □ 倍

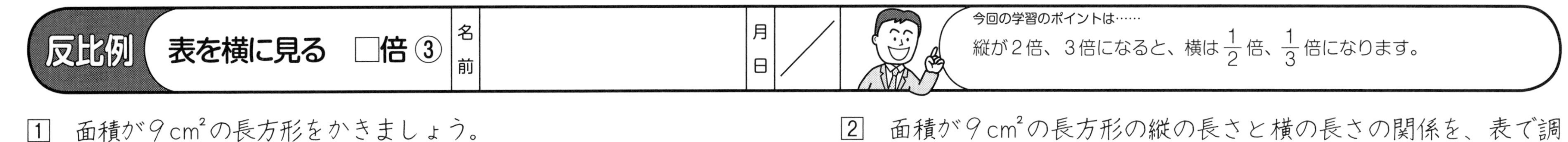

反比例　表を横に見る　□倍 ③

名前　　　　月　日

1　面積が9 cm²の長方形をかきましょう。
(縦(たて)の長さは、整数とします。)

・9 cm²の長方形

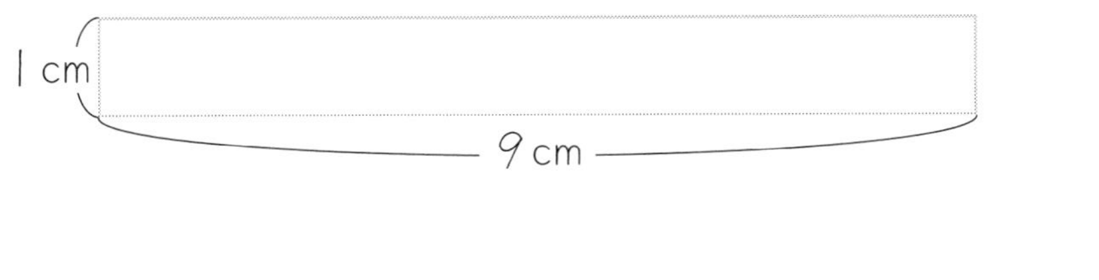

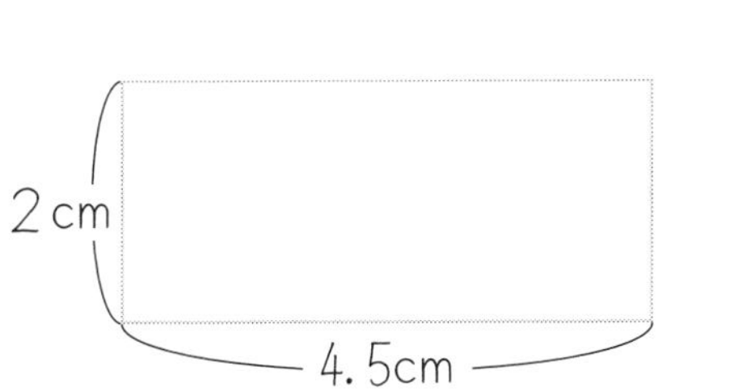

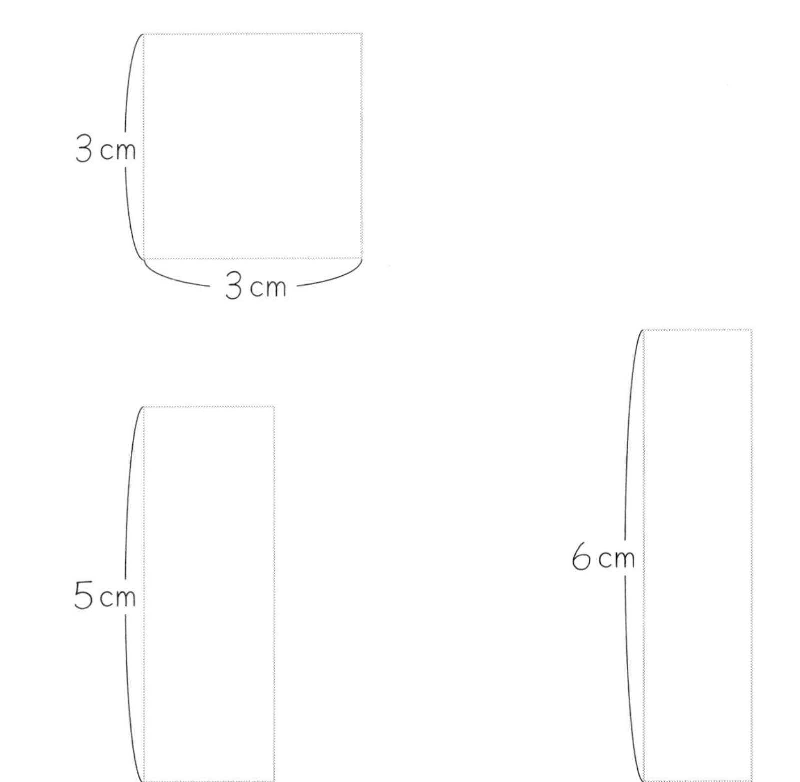

2　面積が9 cm²の長方形の縦の長さと横の長さの関係を、表で調べてみましょう。

①

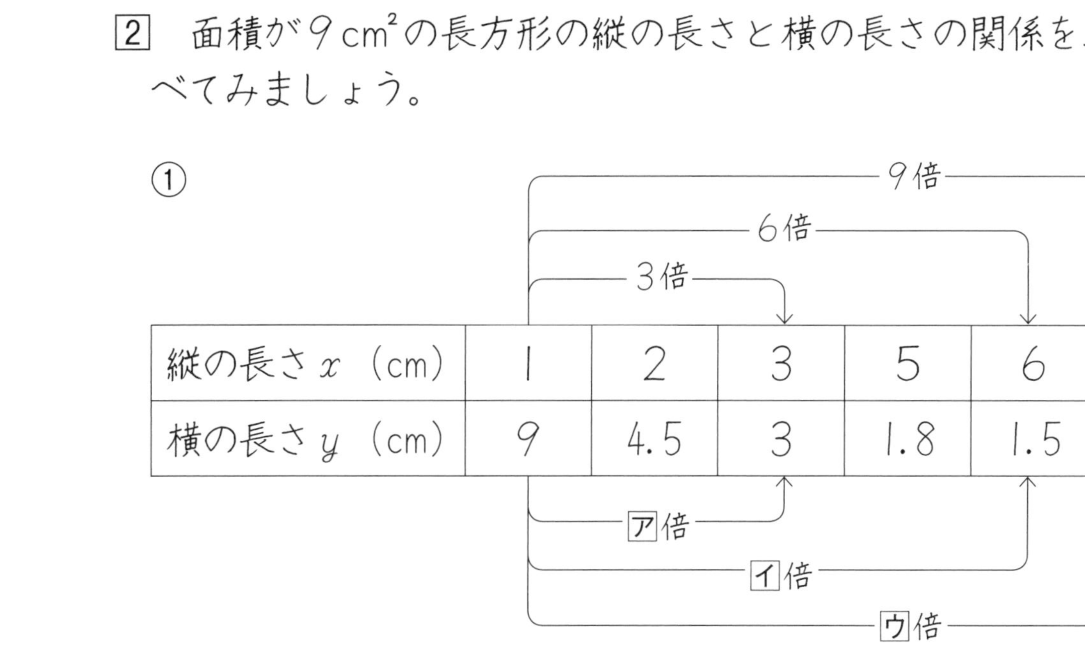

縦の長さ x (cm)	1	2	3	5	6	9
横の長さ y (cm)	9	4.5	3	1.8	1.5	1

ア イ ウは、それぞれもとの数の何倍ですか。

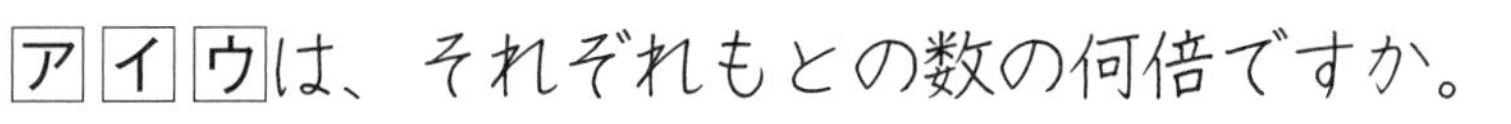

ア□倍　イ□倍　ウ□倍

②

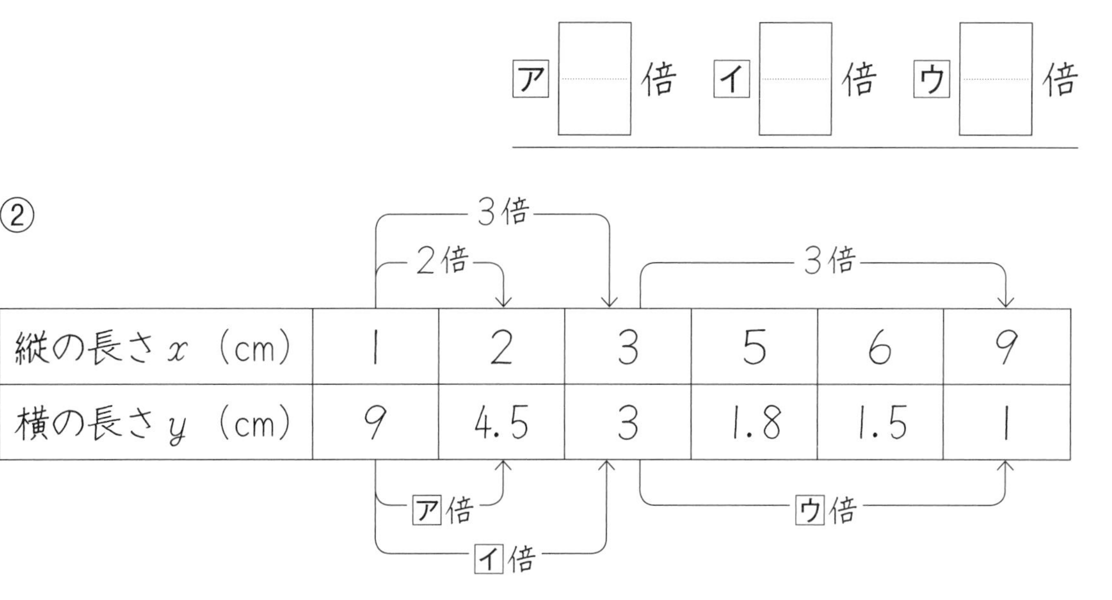

縦の長さ x (cm)	1	2	3	5	6	9
横の長さ y (cm)	9	4.5	3	1.8	1.5	1

ア イ ウは、それぞれもとの数の何倍ですか。

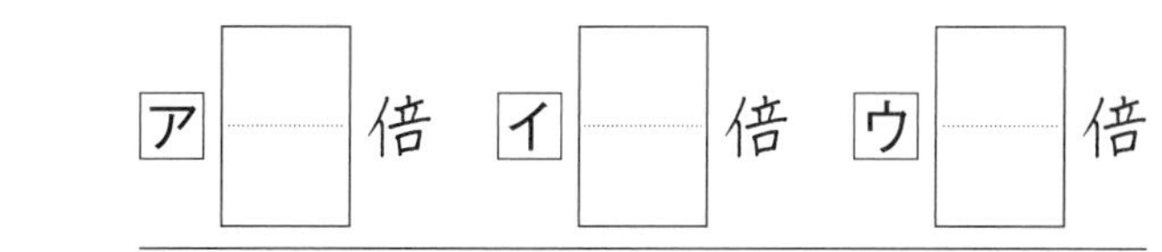

ア□倍　イ□倍　ウ□倍

反比例 表を横に見る □倍 ④

名前　　　月　日

今回の学習のポイントは……
縦が$\frac{1}{2}$倍、$\frac{1}{3}$倍になると横は2倍、3倍になります。

1 面積が18cm²の長方形の縦(たて)の長さと横の長さの関係を、表で調べてみましょう。

①

$\frac{1}{3}$倍　$\frac{1}{3}$倍　$\frac{1}{2}$倍

縦の長さ x (cm)	1	2	3	6	9	18
横の長さ y (cm)	18	9	6	3	2	1

ア倍　ウ倍　イ倍

アイウは、それぞれもとの数の何倍ですか。

ア□倍　イ□倍　ウ□倍

②

$\frac{1}{9}$倍　$\frac{1}{3}$倍　$\frac{1}{2}$倍

縦の長さ x (cm)	1	2	3	6	9	18
横の長さ y (cm)	18	9	6	3	2	1

イ倍　ア倍　ウ倍

アイウは、それぞれもとの数の何倍ですか。

ア□倍　イ□倍　ウ□倍

2 面積が16cm²の長方形の縦の長さと横の長さの関係を、表で調べてみましょう。

①

8倍　4倍　2倍

縦の長さ x (cm)	1	2	4	8	16
横の長さ y (cm)	16	8	4	2	1

ア倍　イ倍　ウ倍

アイウは、それぞれもとの数の何倍ですか。

ア□倍　イ□倍　ウ□倍

②

$\frac{1}{8}$倍　$\frac{1}{4}$倍　$\frac{1}{2}$倍

縦の長さ x (cm)	1	2	4	8	16
横の長さ y (cm)	16	8	4	2	1

ア倍　イ倍　ウ倍

アイウは、それぞれもとの数の何倍ですか。

ア□倍　イ□倍　ウ□倍

反比例　表を縦に見る　$x \times y$ ①

名前　　月　日

今回の学習のポイントは……
$x \times y$ ＝きまった数 になるかどうかをたしかめます。

1　面積が$12cm^2$の長方形の、縦（たて）（x）と横（y）の関係を表を見て調べましょう。

縦の長さx（cm）	1	2	3	4	5	6
横の長さy（cm）	12	6	4	3	2.4	2
$x \times y$	12	12	12			

xとyの関係を表す式　$x \times y = 12$

yの値（あたい）を求める式　$y = 12 \div x$

✿ 反比例する関係を表す式　y＝きまった数$\div x$

① 表のあいているところに、あてはまる数をかきましょう。

② xの値が2.5、8、10のときのyの値を求めましょう。

（電たく使用）

㋐ $y = 12 \div 2.5$
　$=$ □

㋑ $y =$ □ $\div 8$
　$=$ □

㋒ $y =$ □ $\div$ □
　$=$ □

2　面積が$18cm^2$の長方形の、縦（x）と横（y）の関係を表を見て調べましょう。

縦の長さx（cm）	1	2	3	4	5	6
横の長さy（cm）	18	9		4.5	3.6	
$x \times y$	18	18				

xとyの関係を表す式　$x \times y =$ □

yの値を求める式　$y =$ □ $\div x$

① 表のあいているところに、あてはまる数をかきましょう。

② 式の□に、あてはまる数をかきましょう。

③ xの値が2.5、4.5、7.5のときのyの値を求めましょう。

（電たく使用）

㋐ $y = 18 \div 2.5$
　$=$ □

㋑ $y =$ □ $\div 4.5$
　$=$ □

㋒ $y =$ □ $\div$ □
　$=$ □

反比例　表を縦に見る　$x \times y$ ②

名前　　　月　日

1　面積が24cm²の平行四辺形の、底辺（x）と高さ（y）の関係を式に表しましょう。

底辺　x（cm）	1	2	3	4	5	6
高さ　y（cm）	24	12			4.8	
$x \times y$	24					

xとyの関係を表す式　　$x \times y =$ □

yの値（あたい）を求める式　　$y =$ □ $\div x$

① 表のあいているところに、あてはまる数をかきましょう。

② 式の□に、あてはまる数をかきましょう。

③ xの値が2.5、7.5、15のときのyの値を求めましょう。（電たく使用）

㋐ $y = 24 \div 2.5$
　$=$ □

㋑ $y =$ □ $\div 7.5$
　$=$ □

㋒ $y =$ □ $\div$ □
　$=$ □

2　面積が36cm²の平行四辺形の、底辺（x）と高さ（y）の関係を式に表しましょう。

底辺　x（cm）	1	2	3	4	5	6
高さ　y（cm）	36				7.2	
$x \times y$						

xとyの関係を表す式　　$x \times y =$ □

yの値を求める式　　$y =$ □ $\div x$

① 表のあいているところに、あてはまる数をかきましょう。

② 式の□に、あてはまる数をかきましょう。

③ xの値が4.5、7.5、15のときのyの値を求めましょう。（電たく使用）

㋐ $y = 36 \div 4.5$
　$=$ □

㋑ $y =$ □ $\div 7.5$
　$=$ □

㋒ $y =$ □ $\div$ □
　$=$ □

反比例　表を縦に見る　$x \times y$ ③

名前　　　　月　日

今回の学習のポイントは……
三角形の面積を求める式に注意して考えます。

1　面積が$12cm^2$の三角形の、底面（x）と高さ（y）の関係を式に表しましょう。

底辺　x（cm）	1	2			6	
高さ　y（cm）	24		8	6		3
$x \times y$		24				

xとyの関係を表す式　　$x \times y =$ □

yの値（あたい）を求める式　　$y =$ □ $\div x$

① 表のあいているところに、あてはまる数をかきましょう。

② 式の□に、あてはまる数をかきましょう。

③ xの値が1.5、7.5、16のときのyの値を求めましょう。

（電たく使用）

㋐ $y = 24 \div 1.5$
　$=$ □

㋑ $y =$ □ $\div 7.5$
　$=$ □

㋒ $y =$ □ $\div$ □
　$=$ □

2　面積が$24cm^2$の三角形の、底面（x）と高さ（y）の関係を式に表しましょう。

底辺　x（cm）	1		4	8		15
高さ　y（cm）		16			4.8	3.2
$x \times y$	48					

xとyの関係を表す式　　$x \times y =$ □

yの値を求める式　　$y =$ □ $\div x$

① 表のあいているところに、あてはまる数をかきましょう。

② 式の□に、あてはまる数をかきましょう。

③ xの値が7.5、15、32のときのyの値を求めましょう。

（電たく使用）

㋐ $y = 48 \div 7.5$
　$=$ □

㋑ $y =$ □ $\div 15$
　$=$ □

㋒ $y =$ □ $\div$ □
　$=$ □

反比例　表を縦に見る　$x \times y$ ④

名前　　　月　日

今回の学習のポイントは……
$x \times y$ =きまった数 がわかれば x も y も求められます。

1 次の表は、120kmの道のりを移動するときの、時速（x）と時間（y）が反比例の関係にあることを表しています。

時速　x（km）	10	20	30			
時間　y（時間）	12			3	2.4	2

x と y の関係を表す式　　$x \times y =$ □

y の値（あたい）を求める式　　$y =$ □ $\div x$

① 表のあいているところに、あてはまる数をかきましょう。

② 式の□に、あてはまる数をかきましょう。

③ x の値が15、25、80のときの y の値を求めましょう。

（電たく使用）

㋐ $y = 120 \div 15$
　$=$ □

㋑ $y =$ □ $\div 25$
　$=$ □

㋒ $y =$ □ $\div$ □
　$=$ □

2 次の表は、240kmの道のりを移動するときの、時速（x）と時間（y）が反比例の関係にあることを表しています。

時速　x（km）	10		30		50	60
時間　y（時間）		12	8	6		

x と y の関係を表す式　　$x \times y =$ □

y の値を求める式　　$y =$ □ $\div x$

① 表のあいているところに、あてはまる数をかきましょう。

② 式の□に、あてはまる数をかきましょう。

③ x の値が25、32、75のときの y の値を求めましょう。

（電たく使用）

㋐ $y = 240 \div 25$
　$=$ □

㋑ $y =$ □ $\div 32$
　$=$ □

㋒ $y =$ □ $\div$ □
　$=$ □

反比例　反比例する ①

名前　　月　日

今回の学習のポイントは……
「$x \times y$ ＝きまった数」を使って調べるとわかります。

㋐ 2つの量 x と y があって、x の値が□倍になると、それに対応する y の値が $\frac{1}{□}$ になるとき、**y は x に反比例する**といいます。

㋑ **y が x に反比例する**とき、x の値とそれに対応する y の値の積 $x \times y$ は、いつもきまった数になります。

1　次の表を調べ、x と y の関係が反比例していれば「反」を、反比例していなければ×を、□にかきましょう。

① 底辺が5cmの平行四辺形の高さと面積

高さ　x（cm）	1	2	3	4	5	6
面積　y（cm）	5	10	15	20	25	30

□

② 面積が12cm²の平行四辺形の底辺と高さ

底辺　x（cm）	1	2	3	4	5	6
高さ　y（cm）	12	6	4	3	2.4	2

□

2　次の x と y の関係が反比例していれば「反」を、反比例していなければ×を、□にかきましょう。

① □　買物をして千円札をわたします。
そのときの代金（x）とおつり（y）の関係
$y = 1000 - x$

② □　1日は、24時間です。
昼の時間（x）と夜の時間（y）の関係
$y = 24 - x$

③ □　面積が18m²の長方形の花だんがあります。
縦の長さ（x）と横の長さ（y）の関係
$y = 18 \div x$

④ □　きまった道のりを歩きます。
そのときの歩く速さ（x）と時間（y）の関係
$y \times x$ ＝きまった道のり

反比例　反比例する②

名前　　　月　日

今回の学習のポイントは……
2は $x \times y$＝きまった数（反比例）、y＝きまった数×x（比例）で調べます。

1　次の表を調べ、xとyの関係が反比例していれば「反」を、反比例していなければ×を、□にかきましょう。

① 周りが20mの長方形の、縦（たて）の長さと横の長さ

縦の長さx（m）	1	2	3	4	5	6
横の長さy（m）	9	8	7	6	5	4

□

② 面積が28cm²の長方形の、縦の長さと横の長さ

縦の長さx（cm）	1	2	4	5	7	8
横の長さy（cm）	28	14	7	5.6	4	3.5

□

③ 1個120円のどらやきの、個数と代金

個数　x（個）	1	2	3	4	5	6
代金　y（円）	120	240	360	480	600	720

□

④ 120kmの道のりを走る車の、速さと時間

速さ　x（km）	10	20	30	40	50	60
時間　y（時間）	12	6	4	3	2.4	2

□

2　次のxとyの関係が比例しているなら「比」を、反比例しているなら「反」を、□にかきましょう。

① □ 円の直径（x）と円周（y）

$y = x \times$円周率

② □ 面積がきまっている平行四辺形の、底辺（x）と高さ（y）

$x \times y$＝きまった面積

③ □ プールに入れる水の量（x）と、満ぱいにするまでの時間（y）

y＝プールの容積÷x
（$x \times y$＝プールの容積）

④ □ 正八角形の1辺の長さ（x）と、周りの長さ（y）

$y = 8 \times x$

反比例　表と x，y の式 ①

名前　　　月　日

1　面積が24cm²の長方形をかきます。

① この長方形の縦(たて)と横の長さを表にしましょう。

底辺　x（cm）	1	2	3	4	6	8	12
高さ　y（cm）	24	12					

② □にあてはまる数をかきましょう。

$x \times y =$ □

$y =$ □ $\div x$

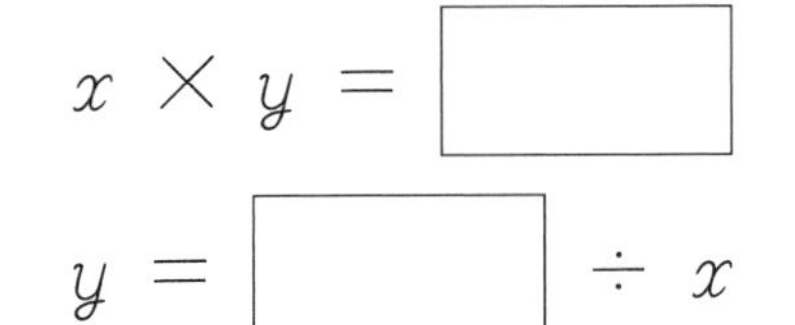
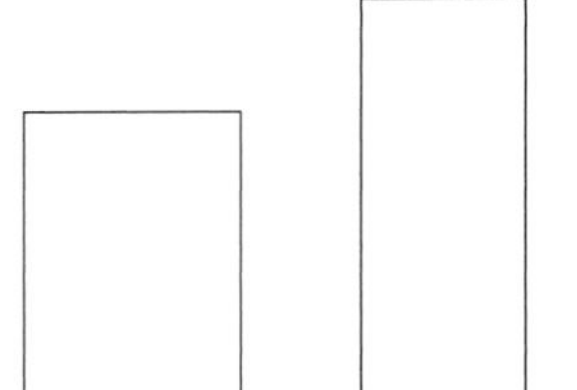
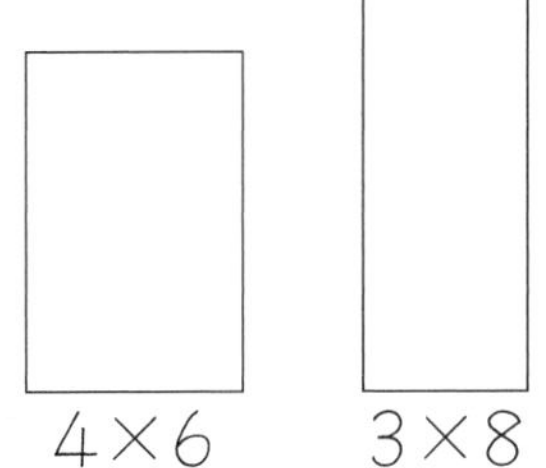

4×6　3×8

2　面積が12cm²の三角形をかきます。

① この三角形の底辺と高さを表にしましょう。

底辺　x（cm）	1	2	3		8	12	24
高さ　y（cm）			8				1

（三角形の面積＝底辺×高さ÷２）

② □にあてはまる数をかきましょう。

$x \times y =$ □

$y =$ □ $\div x$

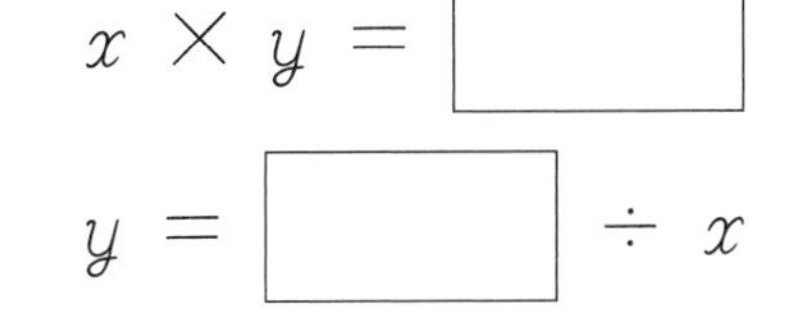

4×6÷2　3×8÷2

3　面積が16cm²の三角形をかきます。

① この三角形の底辺と高さを表にしましょう。

底辺　x（cm）	1		4	5		16	32
高さ　y（cm）		16	8		4		

② □にあてはまる数をかきましょう。

$x \times y =$ □

$y =$ □ $\div x$

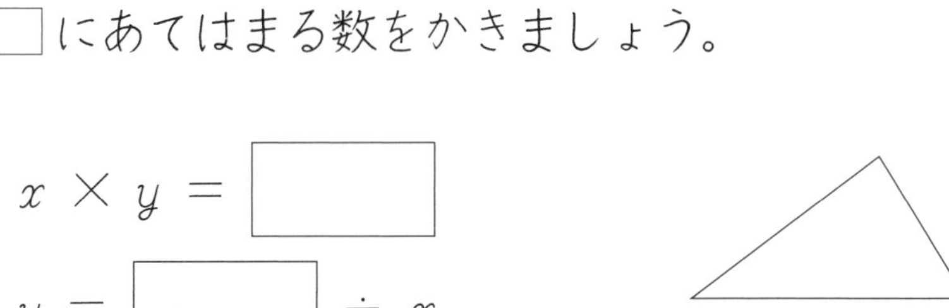
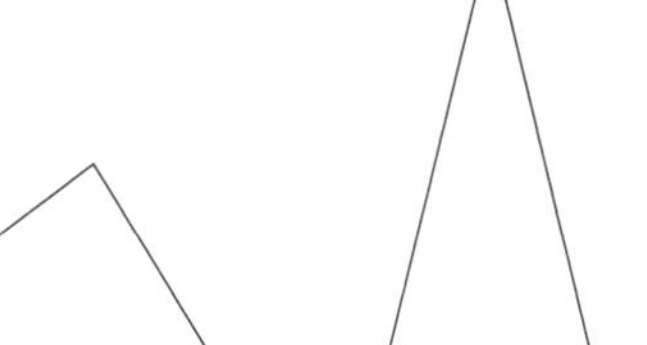
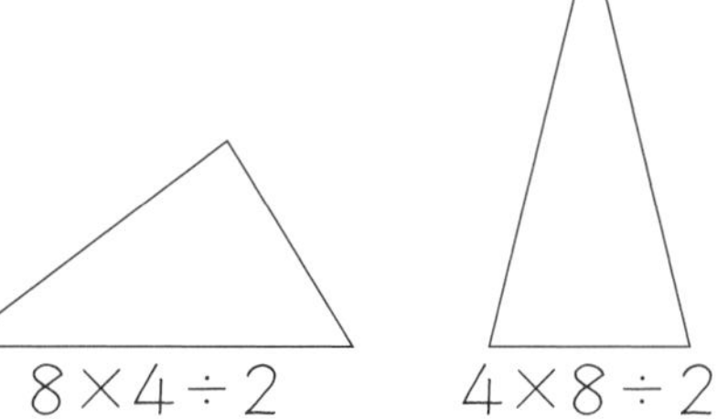

8×4÷2　4×8÷2

4　面積が18cm²の三角形をかきます。

① この三角形の底辺と高さを表にしましょう。

底辺　x（cm）	1	2		4	6	9	12
高さ　y（cm）		18	12				

② □にあてはまる数をかきましょう。

$x \times y =$ □

$y =$ □ $\div x$

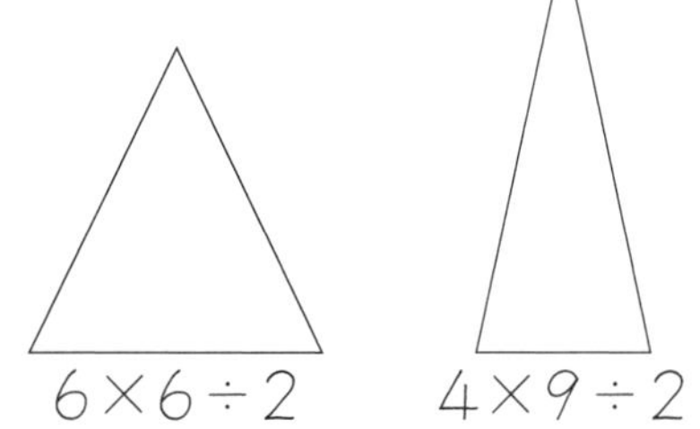

6×6÷2　4×9÷2

反比例　表と x, y の式②

名前　　　　月　日

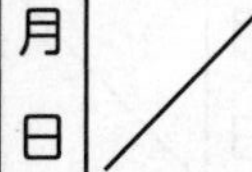

今回の学習のポイントは……
速さの問題は、道のりと速さと時間の関係です。きまった道のりでは、速さと時間が反比例します。

1　24kmの道のりをそれぞれ時速を変えて移動します。

①　時速とかかる時間を表にしましょう。

時速　x（km）	1	2	3	4	5	6	8
時間　y（時間）	24	12			4.8		

②　□にあてはまる数をかきましょう。

$x \times y =$ □

$y =$ □ $\div x$

・速さ×時間＝道のり

2　48kmの道のりをそれぞれ時速を変えて移動します。

①　時速とかかる時間を表にしましょう。

時速　x（km）	1	2	3	4	5	6	8
時間　y（時間）		24					6

②　□にあてはまる数をかきましょう。

$x \times y =$ □

$y =$ □ $\div x$

3　60kmの道のりをそれぞれ時速を変えて移動します。

①　時速とかかる時間を表にしましょう。

時速　x（km）	1	2	3		5	6	8
時間　y（時間）			20	15			7.5

②　□にあてはまる数をかきましょう。

$x \times y =$ □

$y =$ □ $\div x$

4　120kmの道のりをそれぞれ時速を変えて移動します。

①　時速とかかる時間を表にしましょう。

時速　x（km）	10	20		40	50		80
時間　y（時間）	12		4			2	

②　□にあてはまる数をかきましょう。

$x \times y =$ □

$y =$ □ $\div x$

反比例　反比例のグラフ ①

名前　　　月　日

今回の学習のポイントは……
反比例のグラフは、きれいな曲線になります。直線でうすく線をむすんでから曲線になおしましょう。

1　面積が6 cm^2 の長方形の縦(たて)と横の長さの表です。

縦の長さ x (cm)	1	2	3	4	5	6
横の長さ y (cm)	6	3	2	1.5	1.2	1

下のグラフに表の x と y の組を表す点をかき、なめらかな線でむすびましょう。

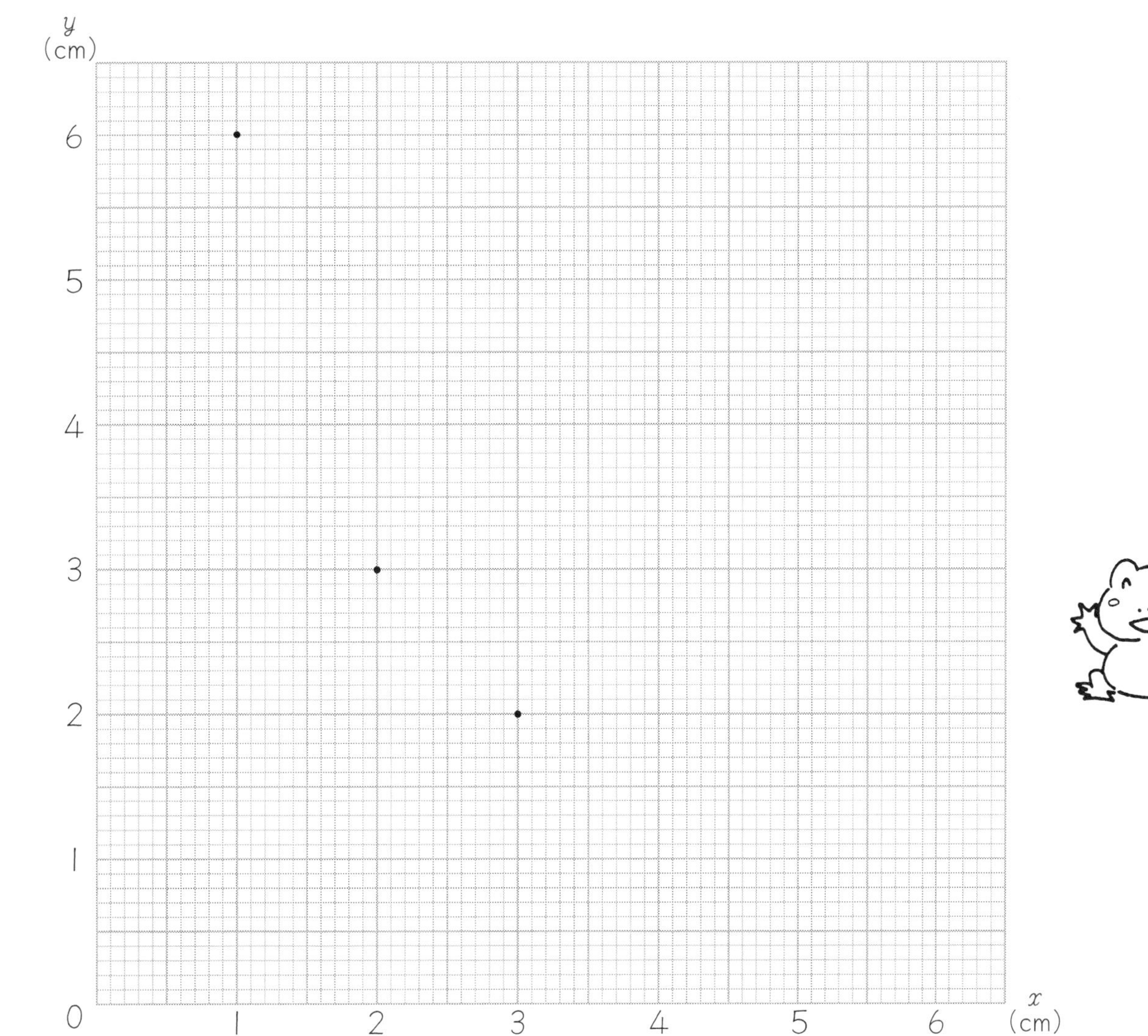

2　1の表の x の値(あたい)を細かくしたものが下の表です。

x (cm)	1	1.2	1.5	2	2.4	2.5	3	4	5	6
y (cm)	6	5	4	3	2.5	2.4	2	1.5	1.2	1

下のグラフに表の x と y の組を表す点をかき、なめらかな線でむすびましょう。

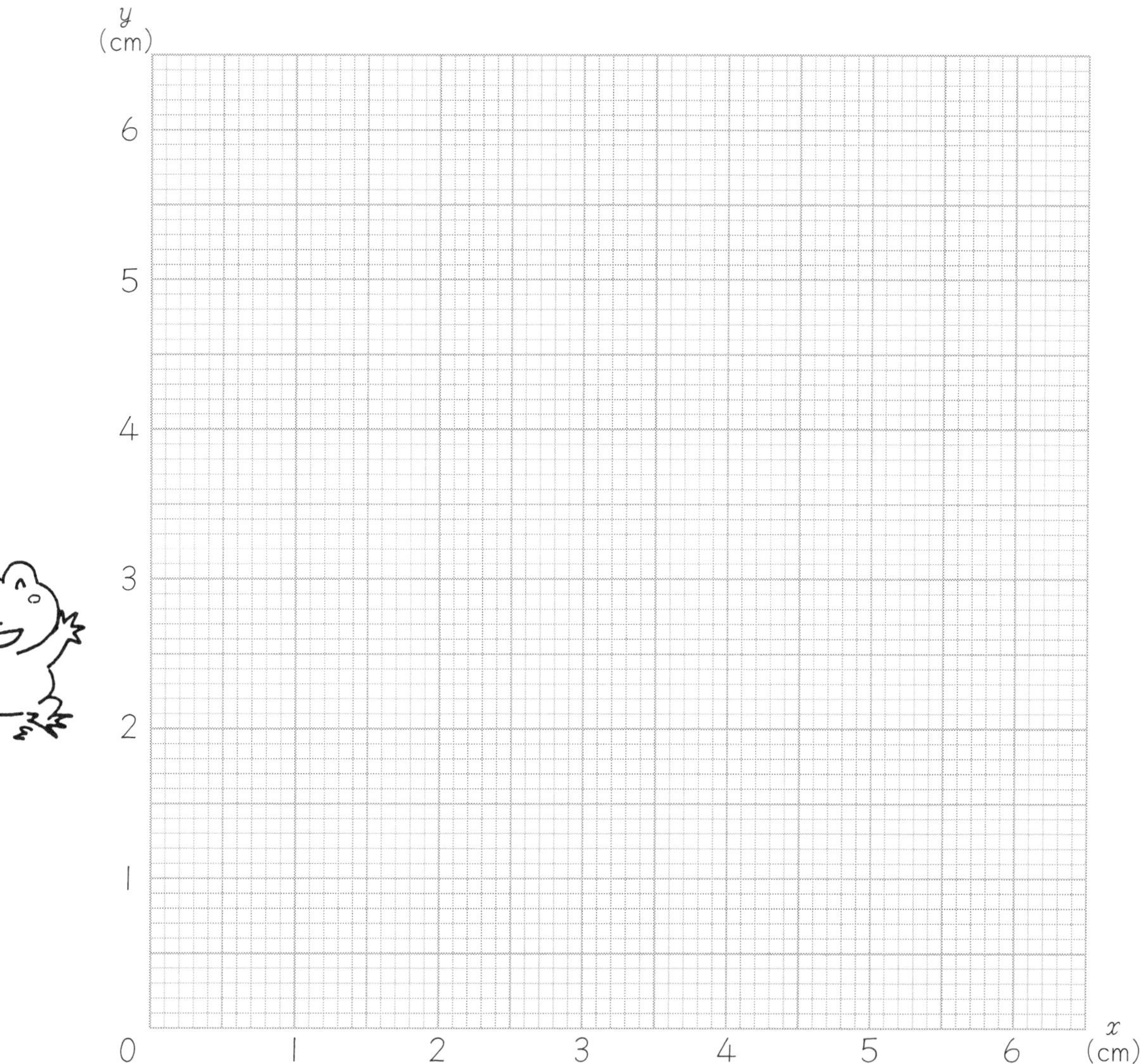

反比例　反比例のグラフ ②

名前　　　月　日

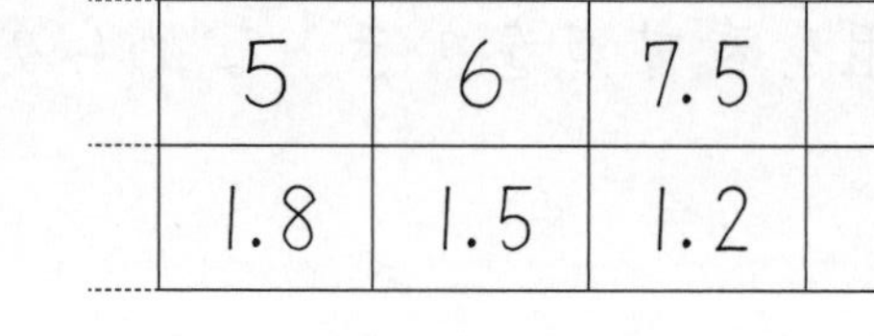

今回の学習でわかったことは……

1　面積が $9\,cm^2$ の長方形の縦（たて）と横の長さの表です。

縦の長さ x (cm)	1	2	3	5	6	9
横の長さ y (cm)	9	4.5	3	1.8	1.5	1

下のグラフに表の x と y の組を表す点をかき、なめらかな線でむすびましょう。

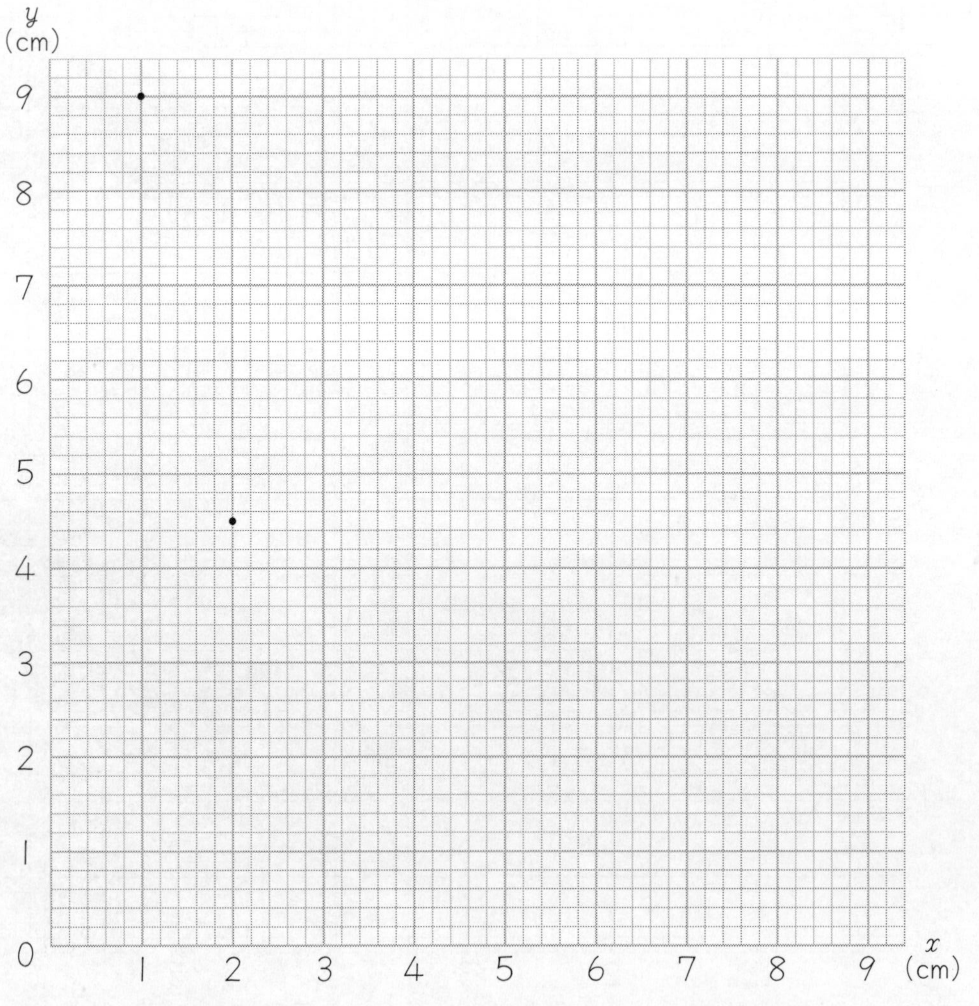

2　1の表の x の値（あたい）を細かくした表を使って、グラフをかきましょう。

x (cm)	1	1.5	1.8	2	2.5	3	3.6	4.5	5	6	7.5	9
y (cm)	9	6	5	4.5	3.6	3	2.5	2	1.8	1.5	1.2	1

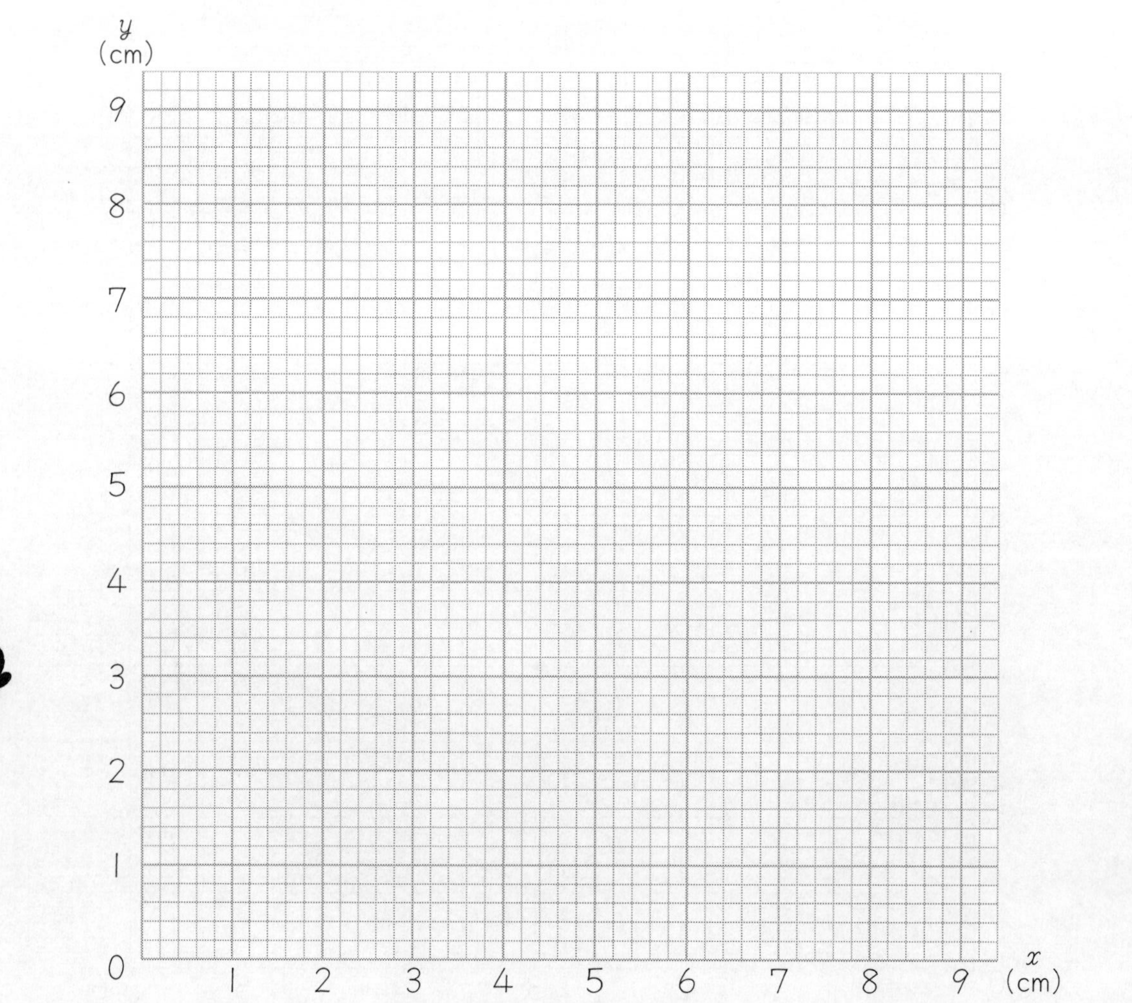

反比例のグラフ ③

反比例　名前　月　日

今回の学習のポイントは……
なめらかな曲線は、むずかしいけどチャレンジしてみましょう。

1　面積が12cm²の長方形の縦(たて)と横の長さの表です。

縦の長さx (cm)	1	2	3	4	6	12
横の長さy (cm)	12	6	4	3	2	1

下のグラフに表のxとyの組を表す点をかき、なめらかな線でむすびましょう。

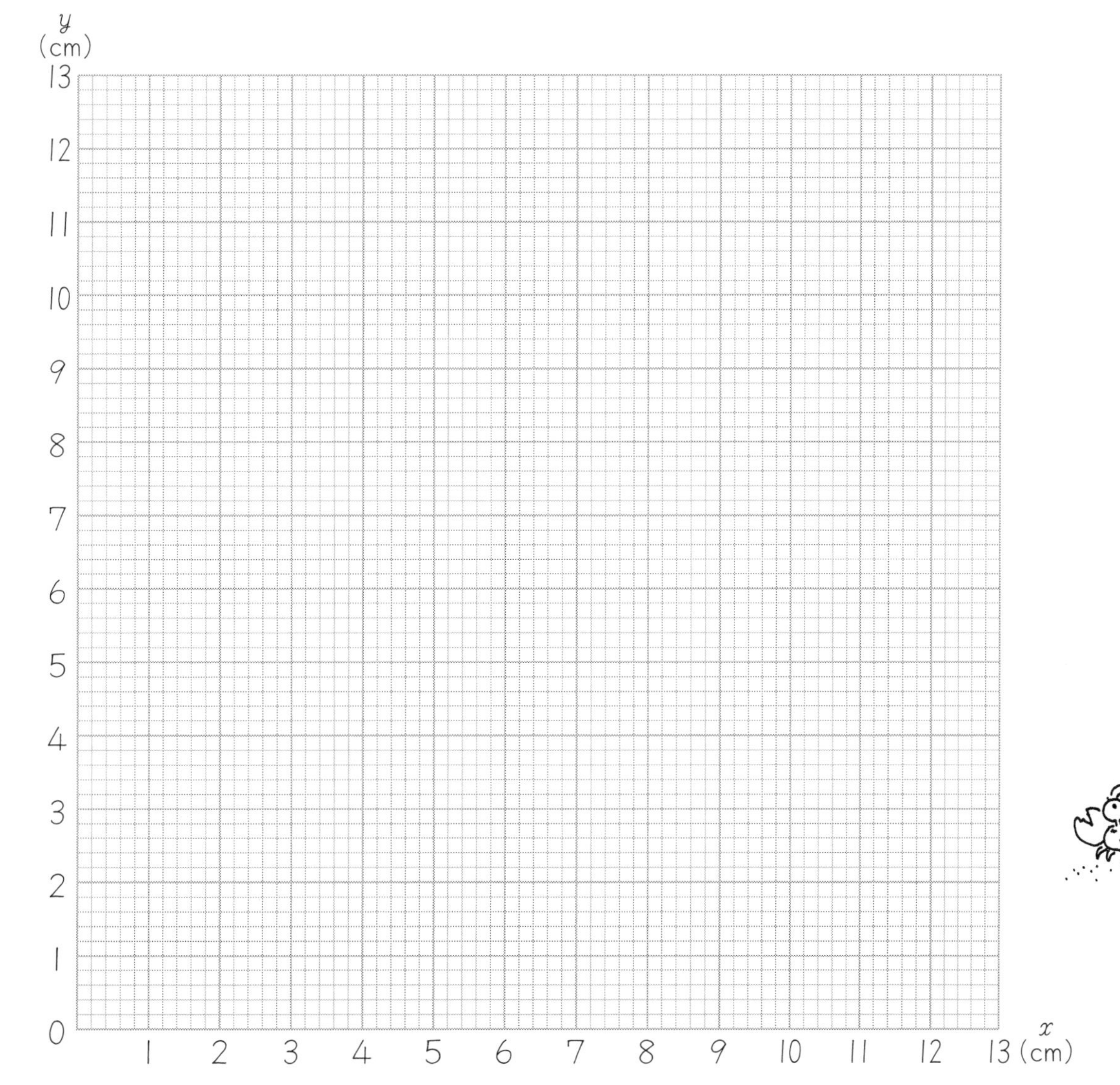

2　1の表のxの値(あたい)を細かくした表を使って、グラフをかきましょう。

x (cm)	1	1.5	2	2.5	3	4	5	6	7.5	8	10	12
y (cm)	12	8	6	4.8	4	3	2.4	2	1.6	1.5	1.2	1

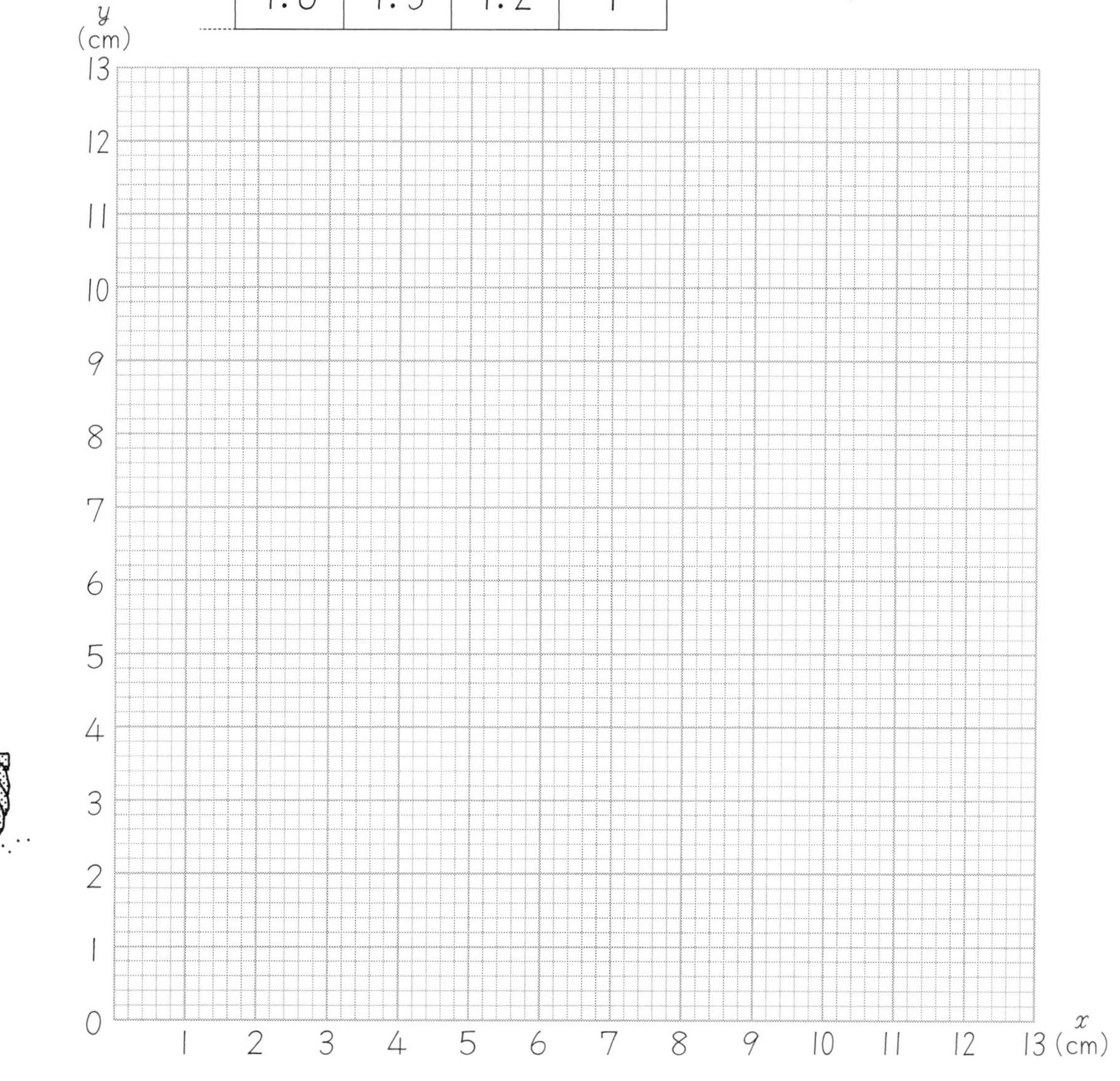

反比例　反比例のグラフ ④

名前　　　　月　日

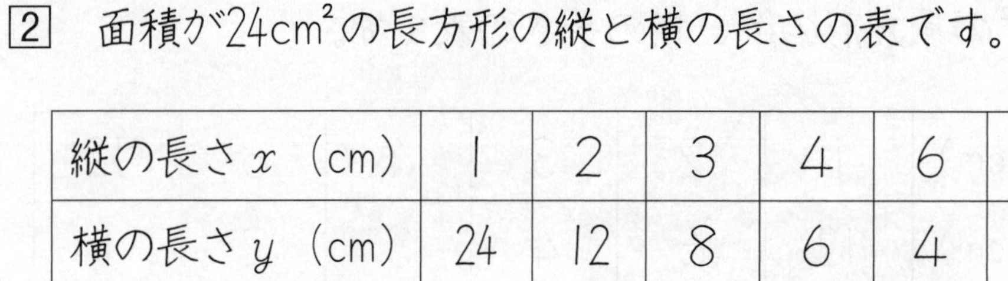

今回の学習でわかったことは……

1　面積が18cm²の長方形の縦(たて)と横の長さの表です。

縦の長さ x（cm）	1	2	3	4	5	6	9	18
横の長さ y（cm）	18	9	6	4.5	3.6	3	2	1

下のグラフに表の x と y の組を表す点をかき、なめらかな線でむすびましょう。

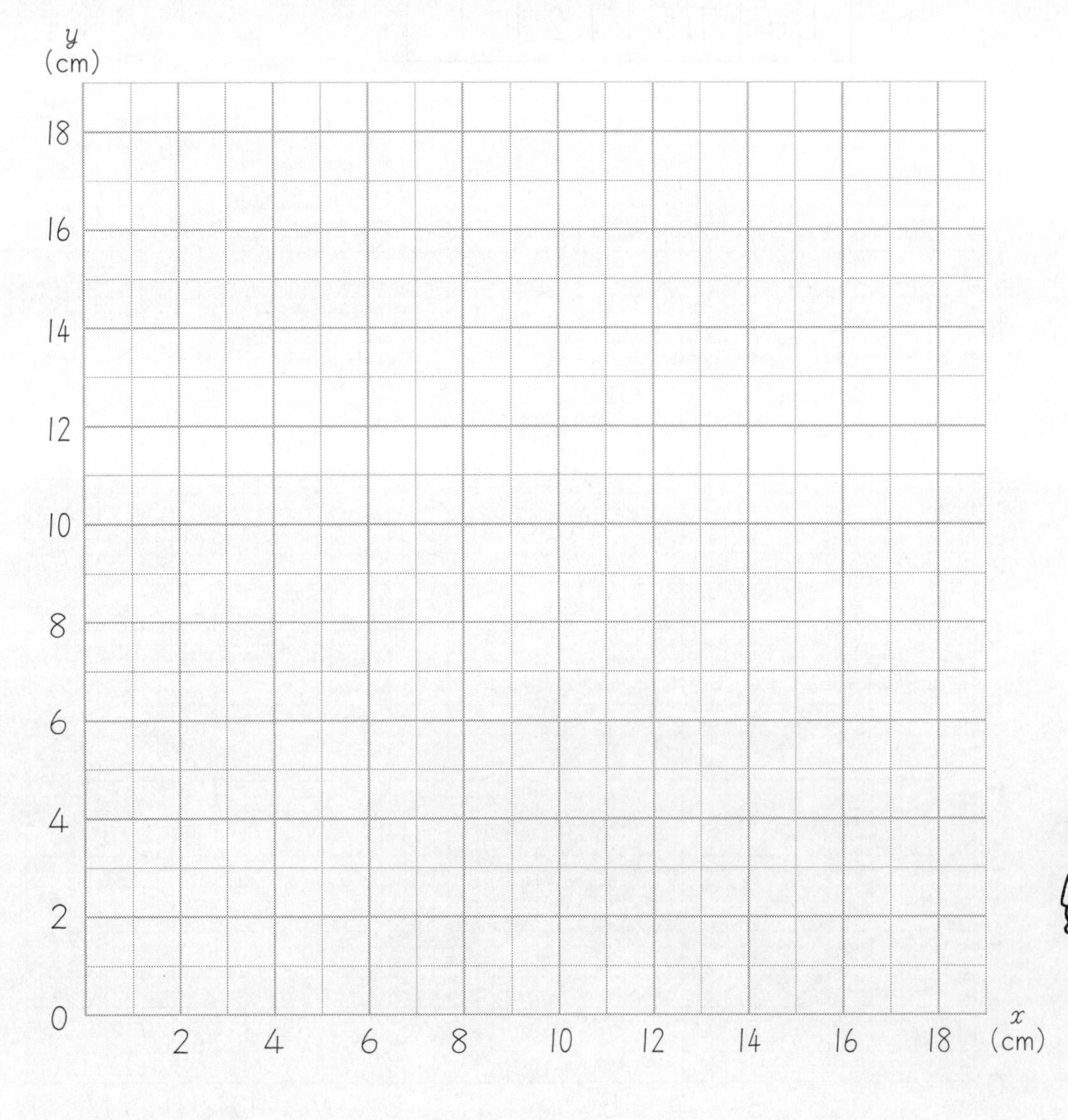

2　面積が24cm²の長方形の縦と横の長さの表です。

縦の長さ x（cm）	1	2	3	4	6	8	12	24
横の長さ y（cm）	24	12	8	6	4	3	2	1

下のグラフに表の x と y の組を表す点をかき、なめらかな線でむすびましょう。

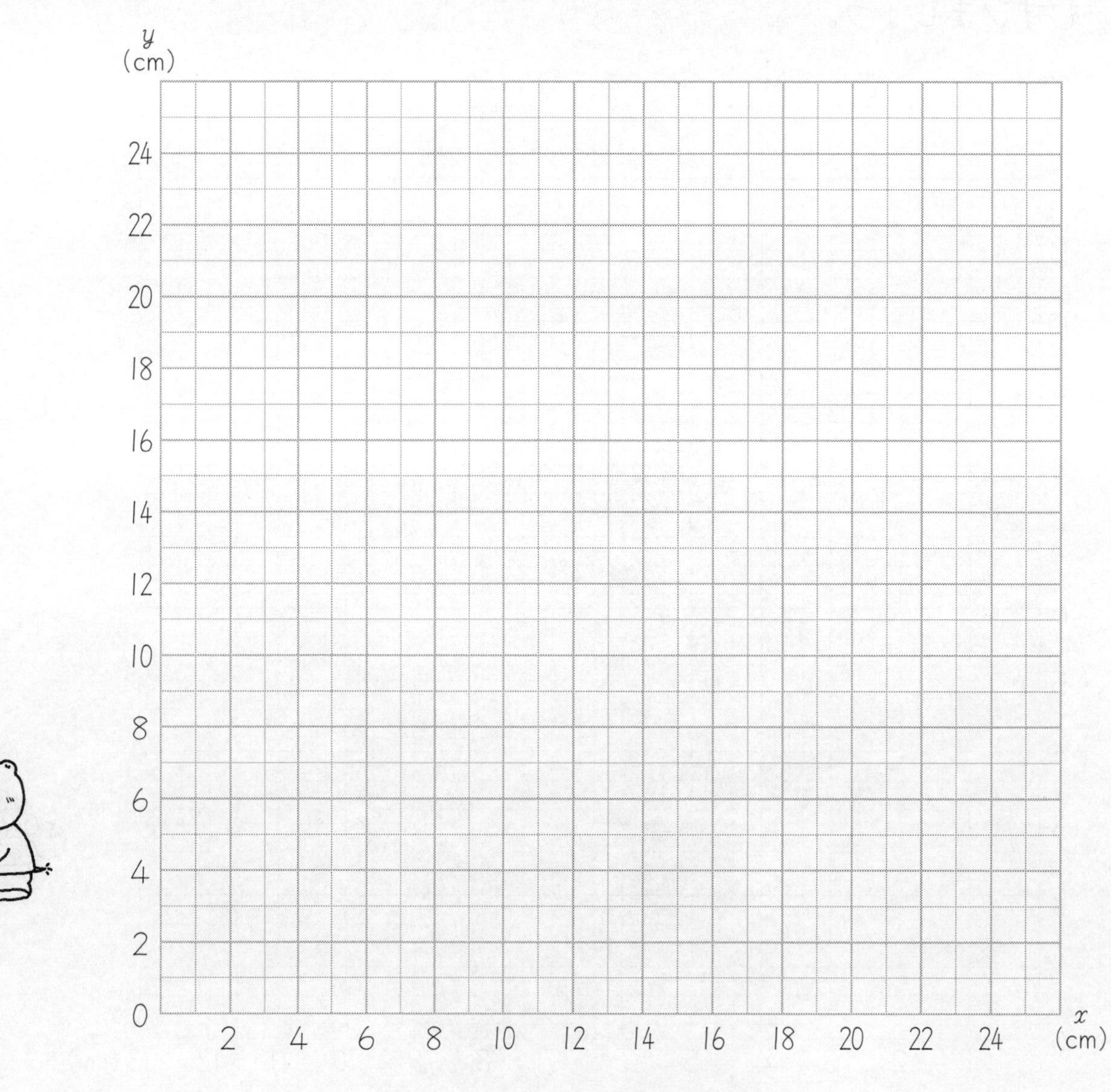

反比例　x, yの値を求める①

名前　　　月　日

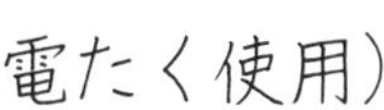

今回の学習のポイントは……
表を縦に見たときに、xとyの数がそろっているところから、$x \times y$（きまった数）を求めましょう。

1　面積がきまっている三角形の、底辺（x）と高さ（y）は、反比例しています。

底辺　x（cm）	3.2	6	㋑
高さ　y（cm）	㋐	8	5

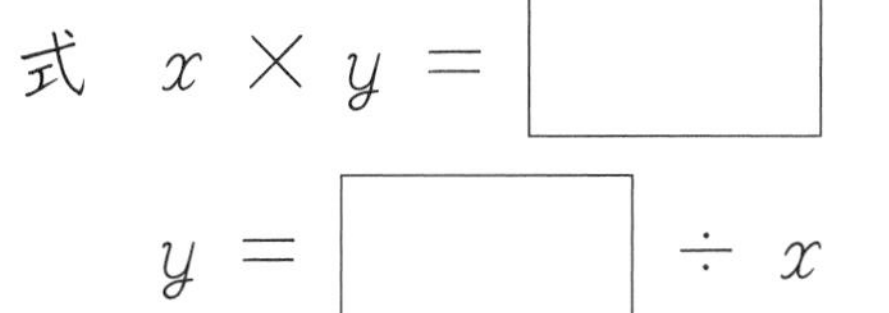

① xとyの関係を式に表しましょう。

式　$x \times y =$ □

$y =$ □ $\div x$

② yの値（あたい）㋐を求めましょう。　（電たく使用）

式　48 ÷ □ ＝ □

答え　　　cm

③ xの値㋑を求めましょう。　（電たく使用）

式　□ ÷ □ ＝ □

答え　　　cm

2　面積がきまっている三角形の、底辺（x）と高さ（y）は、反比例しています。

底辺　x（cm）	7.5	9.6	12	㋒
高さ　y（cm）	㋐	㋑	4	1.92

① yの値㋐を求めましょう。　（電たく使用）

式　□ ÷ 7.5 ＝ □

答え　　　cm

② yの値㋑を求めましょう。　（電たく使用）

式　□ ÷ □ ＝ □

答え　　　cm

③ xの値㋒を求めましょう。　（電たく使用）

式　□ ÷ □ ＝ □

答え　　　cm

反比例　x, yの値を求める②

名前　　　月　日

今回の学習でわかったことは……

1　自動車がA市とB市の間を、いろいろな速さで走るときの、時速（x）とかかる時間（y）は、反比例します。

時速　x（km）	40	45	㋑	75
時間　y（時間）	㋐	4	3	㋒

① A市とB市の間の道のりを求めましょう。

式　□ × 4 = □

答え　　　km

② yの値(あたい)㋐を求めましょう。

式　□ ÷ 40 = □

答え　　　時間

③ xの値㋑を求めましょう。

式　□ ÷ 3 = □

答え　　　km

④ yの値㋒を求めましょう。

式　□ ÷ □ = □

答え　　　時間

2　自動車がO(オー)市とK(ケー)市の間を、いろいろな速さで走るときの、時速（x）とかかる時間（y）は、反比例します。

時速　x（km）	30	50	60	㋒
時間　y（時間）	㋐	4.8	㋑	3.2

① O市とK市の間の道のりを求めましょう。

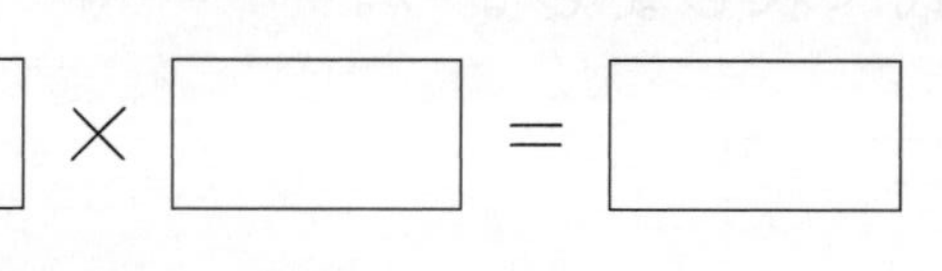

式　□ × □ = □

答え　　　km

② yの値㋐を求めましょう。

式　□ ÷ □ = □

答え　　　時間

③ yの値㋑を求めましょう。

式　□ ÷ □ = □

答え　　　時間

④ xの値㋒を求めましょう。（電たく使用）

式　□ ÷ □ = □

答え　　　km

反比例　x, y の値を求める ③

名前　　　　月　日

今回の学習でわかったことは……

1　自動車がL(エル)市とF(エフ)市の間を、いろいろな速さで走るときの、時速（x）とかかる時間（y）は、反比例します。

時速　x（km）	㋐	㋑	70	㋒
時間　y（時間）	4.2	3.5	3	2.8

① L市とF市の間の道のりを求めましょう。

式 □ × 3 = □

答え　　　km

② x の値(あたい)㋐を求めましょう。　（電たく使用）

式 □ ÷ 4.2 = □

答え　　　km

③ x の値㋑を求めましょう。　（電たく使用）

式 □ ÷ 3.5 = □

答え　　　km

④ x の値㋒を求めましょう。　（電たく使用）

式 □ ÷ □ = □

答え　　　km

2　自動車がN(エヌ)市とS(エス)市の間を、いろいろな速さで走るときの、時速（x）とかかる時間（y）は、反比例します。

時速　x（km）	36	40	45	54
時間　y（時間）	㋐	6.75	㋑	㋒

① N市とS市の間の道のりを求めましょう。　（電たく使用）

式 □ × □ = □

答え　　　km

② y の値㋐を求めましょう。　（電たく使用）

式 □ ÷ □ = □

答え　　　時間

③ y の値㋑を求めましょう。　（電たく使用）

式 □ ÷ □ = □

答え　　　時間

④ y の値㋒を求めましょう。　（電たく使用）

式 □ ÷ □ = □

答え　　　時間

反比例　4ます表と式 ①

名前　　　　月　日

今回の学習のポイントは……
4ます表を縦に見て、そろっている数の積（道のり）から？を求めます。

1　家から公園までは、分速65mで歩くと、24分かかります。分速75mなら何分かかりますか。　（電たく使用）

分速　x（m）	65	75
時間　y（分）	24	？

式　65 × 24 = □

□ ÷ 75 = □

答え　　　分

2　家から植物園までは、分速180mの自転車で走ると、15分かかります。分速200mの自転車なら何分かかりますか。　（電たく使用）

分速　x（m）	180	200
時間　y（分）	15	？

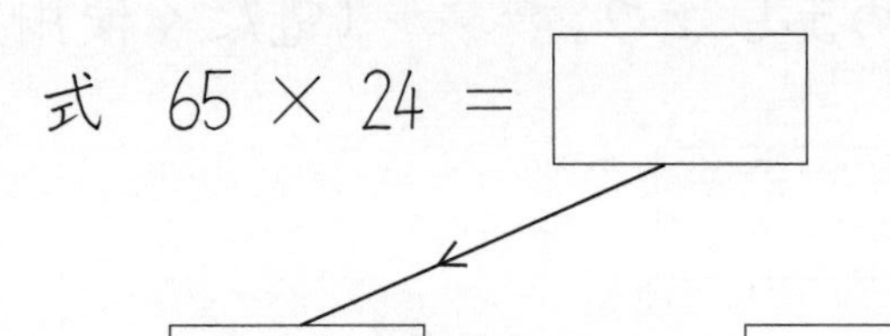
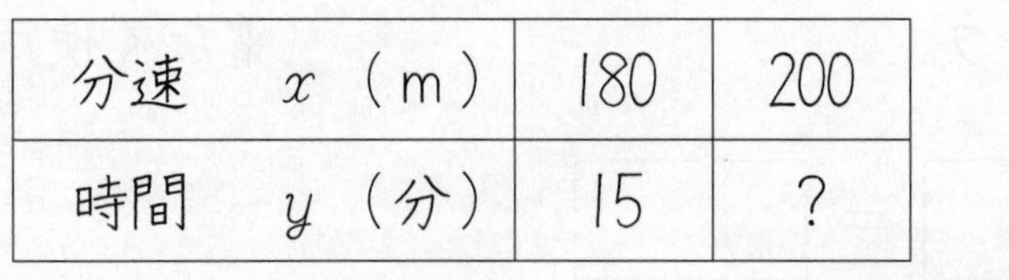

式　□ × 15 = □

□ ÷ 200 = □

答え　　　分

3　家から運動公園までは、分速140mで走ると、12分かかります。分速160mなら何分かかりますか。　（電たく使用）

分速　x（m）	140	160
時間　y（分）	12	？

式　140 × □ = □

□ ÷ □ = □

答え　　　分

4　家から動物園までは、分速68mで歩くと、36分かかります。分速72mなら何分かかりますか。　（電たく使用）

分速　x（m）	68	72
時間　y（分）	36	？

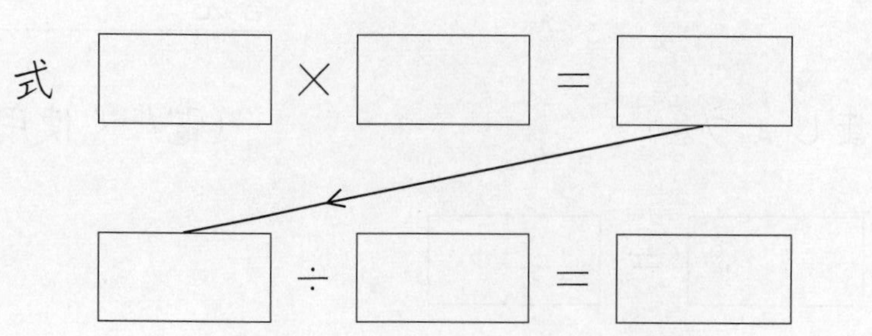
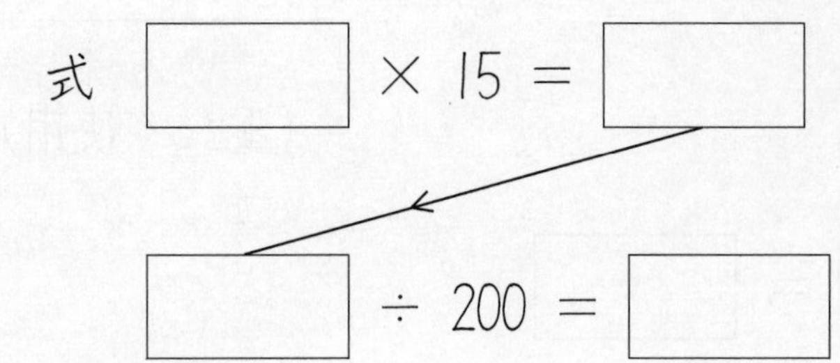

式　□ × □ = □

□ ÷ □ = □

答え　　　分

4ます表と式②

名前　　　　月　日

今回の学習でわかったことは……

1　縦(たて)36cm、横72cmの長方形があります。面積を変えずに、縦を32cmにすると、横は、何cmになりますか。　（電たく使用）

縦の長さ x（cm）	36	32
横の長さ y（cm）	72	？

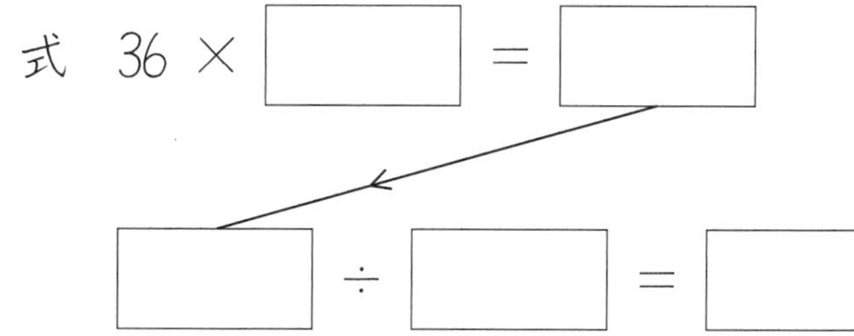

式　36 × 72 = □

□ ÷ 32 = □

答え　　　cm

2　縦50cm、横36cmの長方形があります。面積を変えずに、縦を45cmにすると、横は、何cmになりますか。　（電たく使用）

縦の長さ x（cm）	50	45
横の長さ y（cm）	36	？

式　□ × 36 = □

□ ÷ 45 = □

答え　　　cm

3　縦36cm、横72cmの長方形があります。面積を変えずに、縦を48cmにすると、横は、何cmになりますか。　（電たく使用）

縦の長さ x（cm）	36	48
横の長さ y（cm）	72	？

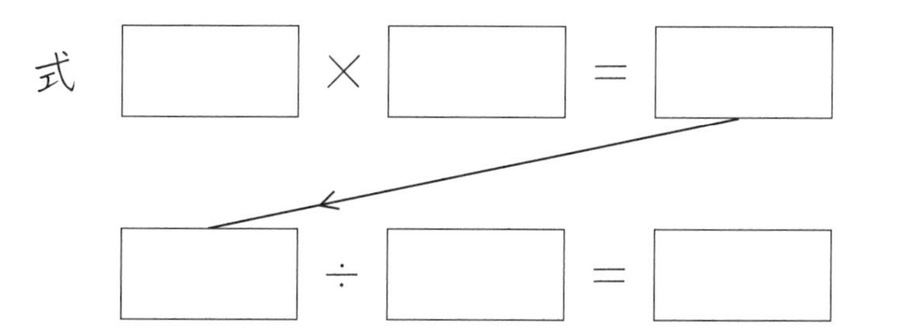

式　36 × □ = □

□ ÷ □ = □

答え　　　cm

4　縦24cm、横74cmの長方形があります。面積を変えずに、縦を37cmにすると、横は、何cmになりますか。　（電たく使用）

縦の長さ x（cm）	24	37
横の長さ y（cm）	74	？

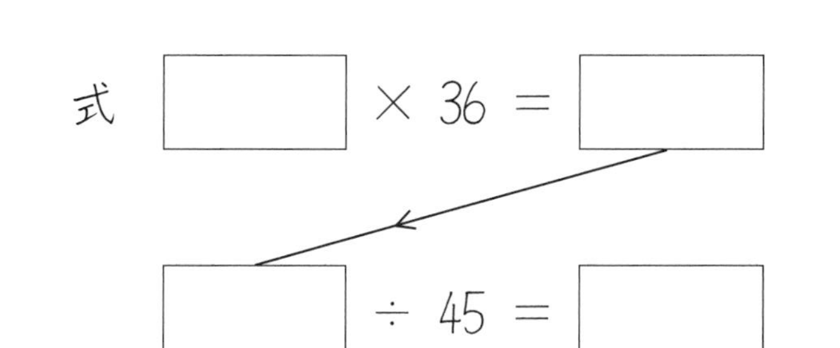

式　□ × □ = □

□ ÷ □ = □

答え　　　cm

反比例　4ます表と式 ③

名前　　　月　日

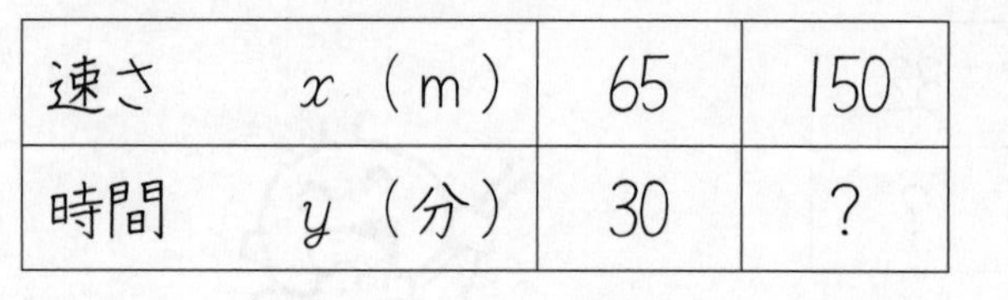

今回の学習のポイントは……
2の6×12＝72は6（人）×12（日）＝72（仕事）と考えるとわかります。

1 折り紙を1人に15枚ずつわたすと、12人に配れます。
これを9枚ずつにすると、何人に配れますか。（電たく使用）

人数　x（枚）	15	9
枚数　y（人）	12	？

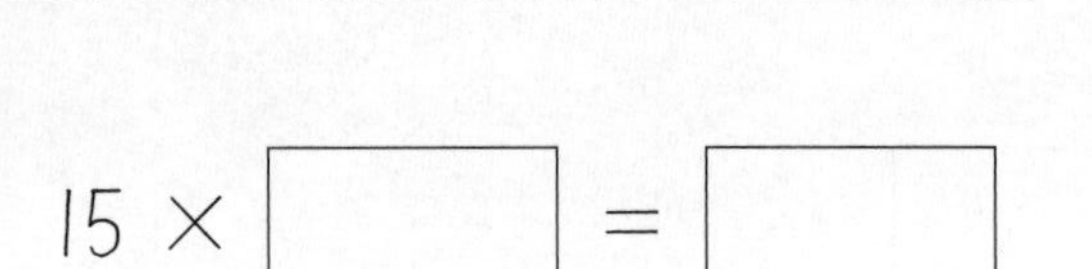

式　15 × □ ＝ □

□ ÷ □ ＝ □

答え　　　人

2 6人が12日間働いてできる仕事があります。
この仕事を8人ですると、何日間でできますか。

人数　x（人）	6	8
日数　y（日）	12	？

式　□ × 12 ＝ □

□ ÷ □ ＝ □

答え　　　日間

3 家から公園までは、分速65mで歩くと、30分かかります。
分速150mの自転車で走ると、何分かかりますか。（電たく使用）

速さ　x（m）	65	150
時間　y（分）	30	？

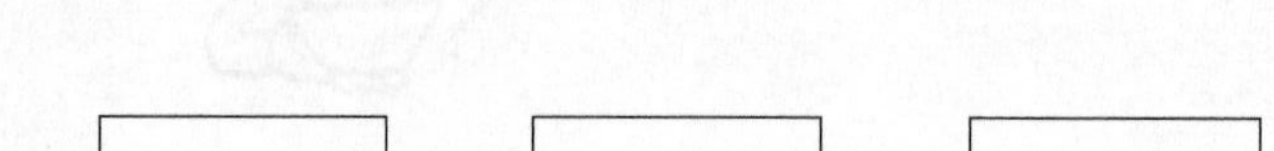

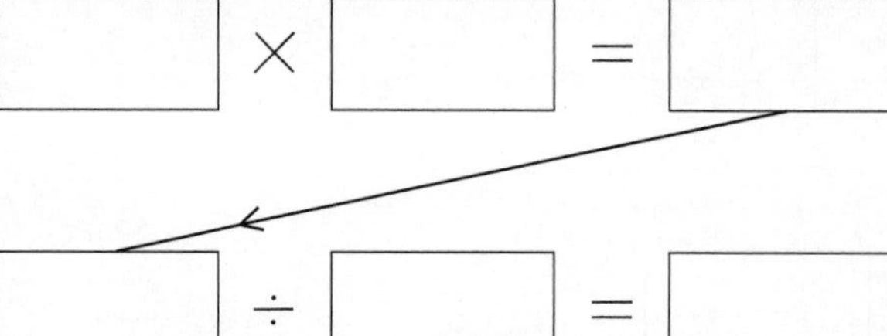

式　□ × □ ＝ □

□ ÷ □ ＝ □

答え　　　分

4 1日に7問ずつすると、40日間かかる問題集があります。
1日に8問ずつすると、何日間かかりますか。

1日の問題数 x（問）	7	8
日　数 y（日）	40	？

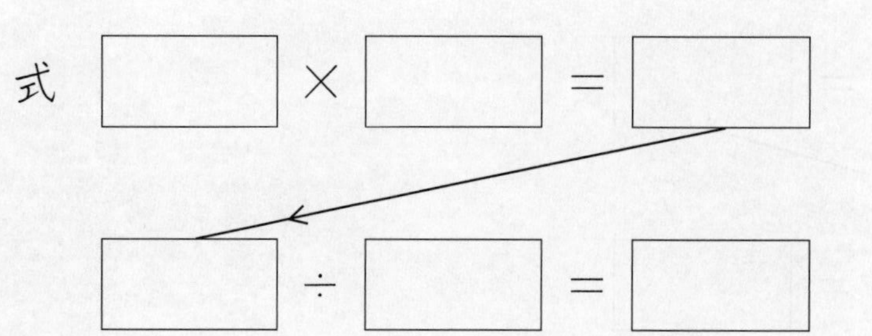

式　□ × □ ＝ □

□ ÷ □ ＝ □

答え　　　日間

反比例　4ます表と式 ④

名前　　　　月　日

今回の学習のポイントは……
$x \times y$ の式と、きまった数 ÷ x の2つの式から y を求めます。

1　家から動物園までは、分速140mの自転車で走ると、32分かかります。分速160mなら何分かかりますか。（電たく使用）

x（m）	140	160
y（分）	32	？

式

答え　　分

2　カードを1人32枚ずつわたすと、12人に配れます。これを24枚ずつにすると、何人に配れますか。（電たく使用）

x（枚）	32	24
y（人）	12	？

式

答え　　人

3　1個240円のリンゴが12個買えるお金で、1個320円のナシは、何個買えますか。（電たく使用）

x（円）	240	320
y（個）	12	？

式

答え　　個

4　時速84kmの電車で3.5時間かかる道のりを、時速98kmの電車で走ると、何時間かかりますか。（電たく使用）

x（km）	84	98
y（時間）	3.5	？

式

答え　　時間

反比例　4ます表と式 ⑤

名前　　　月　日

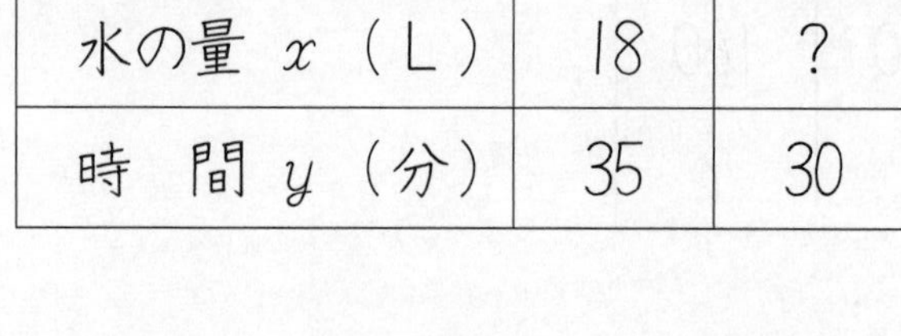

今回の学習のポイントは……
きまった数÷y から、x を求めます。

1　底辺が24cmで高さ16cmの平行四辺形があります。面積を変えずに高さを12cmにすると、底辺は何cmになりますか。

（電たく使用）

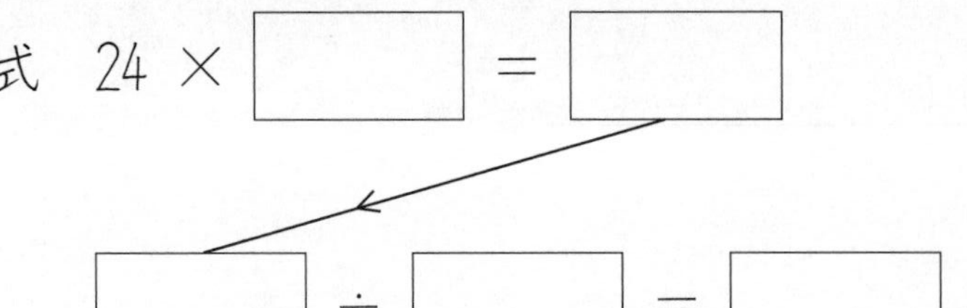

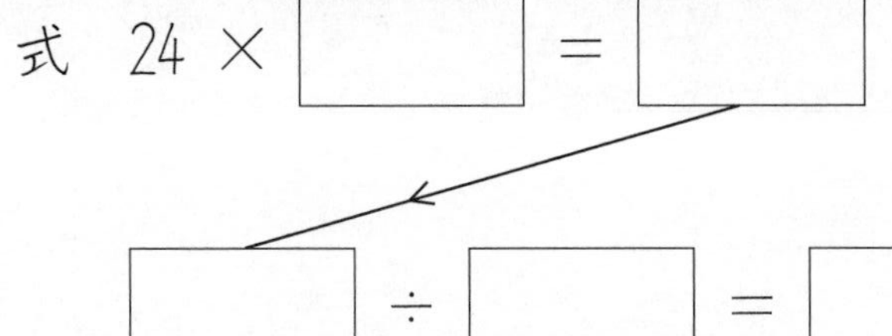

底辺　x（cm）	24	?
高さ　y（cm）	16	12

式　24 × □ = □

□ ÷ □ = □

答え＿＿＿＿cm

2　1日に6問ずつすると、36日間かかる問題集があります。これを24日間でおわらせるには、1日何問すればよいですか。

（電たく使用）

問題数 x（問）	6	?
日　数 y（日）	36	24

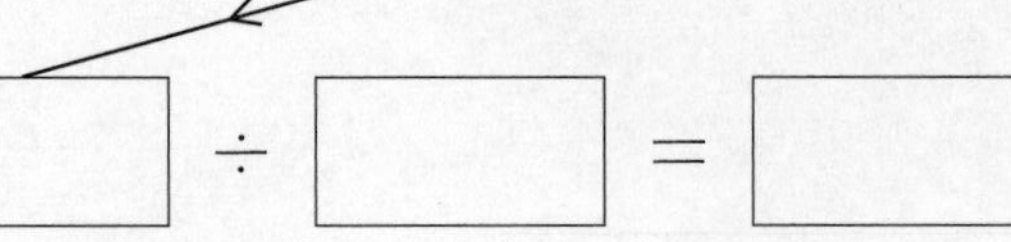

式　□ × 36 = □

□ ÷ □ = □

答え＿＿＿＿問

3　1分間に18Lずつ水を入れると、満ぱいまで35分かかる水そうを、30分で満たすには、1分間に何Lずつ入れるとよいですか。

（電たく使用）

水の量 x（L）	18	?
時　間 y（分）	35	30

式　□ × □ = □

□ ÷ □ = □

答え＿＿＿＿L

4　分速1200mの電車が走って56分かかる道のりを、42分で走るには、分速を何mにすればよいですか。（電たく使用）

速さ　x（m）	1200	?
時間　y（分）	56	42

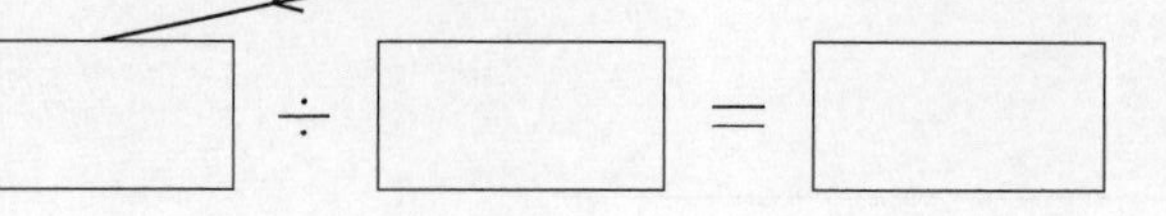

式　□ × □ = □

□ ÷ □ = □

答え＿＿＿＿m

反比例　4ます表と式 ⑥

名前　　　　月　日

今回の学習でわかったことは……

1　縦(たて)51cm、横32cmの長方形があります。面積を変えずに、横を48cmにすると、縦は、何cmになりますか。（電たく使用）

縦の長さ x（cm）	51	？
横の長さ y（cm）	32	48

式　51 × 32 = □
□ ÷ 48 = □

答え　　　cm

2　縦68cm、横24cmの長方形があります。面積を変えずに、横を51cmにすると、縦は、何cmになりますか。（電たく使用）

縦の長さ x（cm）	68	？
横の長さ y（cm）	24	51

式
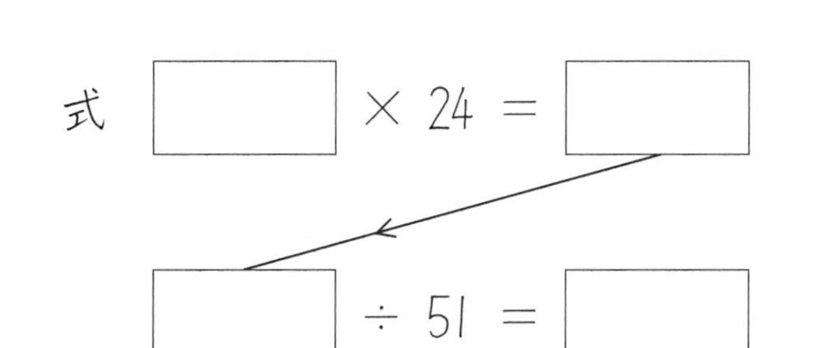
□ × 24 = □
□ ÷ 51 = □

答え　　　cm

3　縦32cm、横54cmの長方形があります。面積を変えずに、横を48cmにすると、縦は、何cmになりますか。（電たく使用）

縦の長さ x（cm）	32	？
横の長さ y（cm）	54	48

式
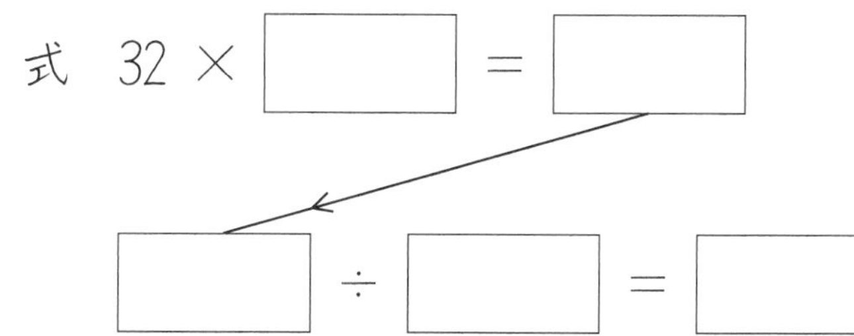
32 × □ = □
□ ÷ □ = □

答え　　　cm

4　縦63cm、横36cmの長方形があります。面積を変えずに、横を42cmにすると、縦は、何cmになりますか。（電たく使用）

縦の長さ x（cm）	63	？
横の長さ y（cm）	36	42

式
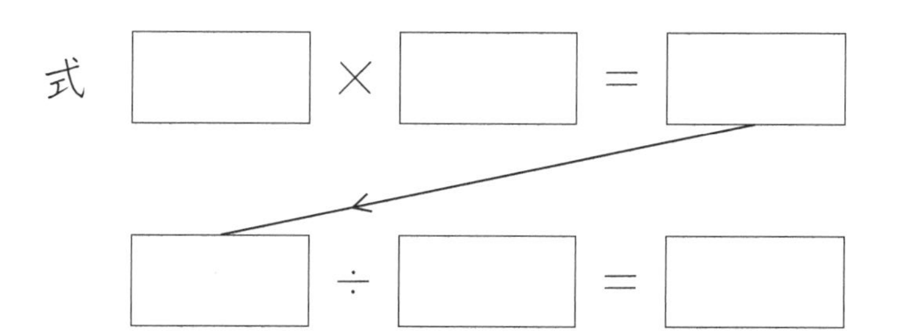
□ × □ = □
□ ÷ □ = □

答え　　　cm

反比例　4ます表と式 ⑦

名前　　　　月　日

今回の学習でわかったことは……

1 家からばら園までは、分速60mで歩くと、30分かかります。
24分で着くには、分速何mで歩けばよいですか。

（電たく使用）

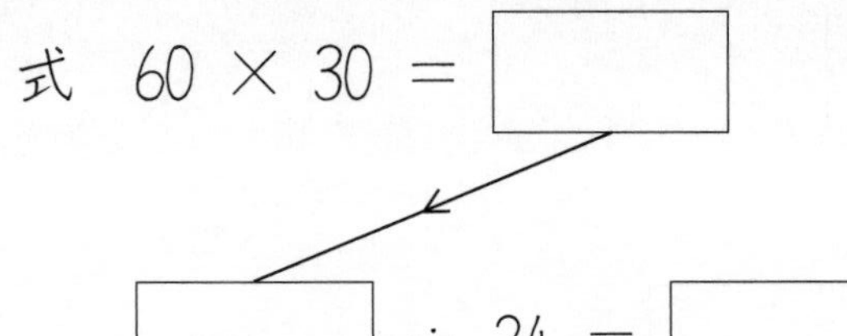

分速　x（m）	60	?
時間　y（分）	30	24

式　60 × 30 = □

□ ÷ 24 = □

答え ＿＿＿ m

2 家から水族館までは、分速65mで歩くと、28分かかります。
26分で着くには、分速何mで歩けばよいですか。

（電たく使用）

分速　x（m）	65	?
時間　y（分）	28	26

式　□ × 28 = □

□ ÷ 26 = □

答え ＿＿＿ m

3 家から図書館までは、分速64mで歩くと、36分かかります。
32分で着くには、分速何mで歩けばよいですか。

（電たく使用）

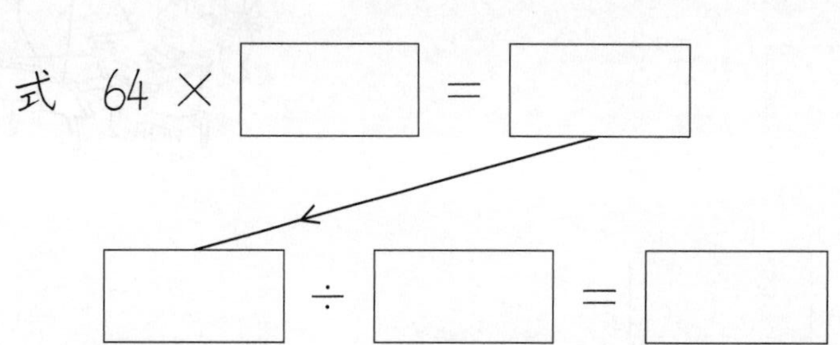

分速　x（m）	64	?
時間　y（分）	36	32

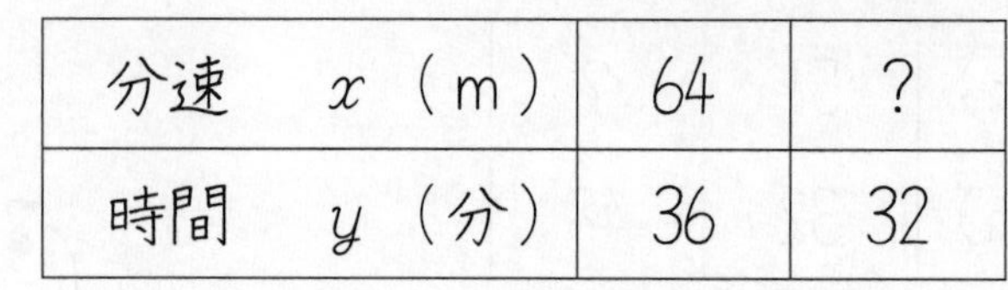

式　64 × □ = □

□ ÷ □ = □

答え ＿＿＿ m

4 家から美術館までは、分速64mで歩くと、27分かかります。
24分で着くには、分速何mで歩けばよいですか。

（電たく使用）

分速　x（m）	64	?
時間　y（分）	27	24

式　□ × □ = □

□ ÷ □ = □

答え ＿＿＿ m

反比例　4ます表と式 ⑧

名前　　　　　月　日

今回の学習のポイントは……
1の6×16=96は、6(人)×16(日)=96(仕事)ですね。

1　6人が働いて16日間かかる仕事を、12日間で仕上げるには、働く人は何人必要ですか。（電たく使用）

x（人）	6	?
y（日）	16	12

式

答え　　　人

2　家から植物園までは、分速160mの自転車で走ると25分かかります。20分で着くには、分速何mで走ればよいですか。（電たく使用）

x（m）	160	?
y（分）	25	20

式

答え　　　m

3　もらったいちごを皿に12個ずつのせると、15皿分できます。18皿分にするには、1皿に何個ずつのせるとよいですか。（電たく使用）

x（個）	12	?
y（皿）	15	18

式

答え　　　個

4　縦(たて)が32mで横が12mの長方形の池があります。面積を変えずに横を20mにすると、縦は何mになりますか。（電たく使用）

x（m）	32	?
y（m）	12	20

式

答え　　　m

反比例　xとyの関係は？

名前　　　月　日

今回の学習でわかったことは……

1　次の2つの量xとyの関係で比例するものには「比」、反比例するものには「反」、どちらでもないものには「×」をかきましょう。

① □ 500円玉で買い物をしたときの、
代金（x）とおつり（y）

② □ 面積が48cm²の長方形の、
縦（たて）の長さ（x）と横の長さ（y）

③ □ 分速750mで進む自動車の、
走った時間（x）と進んだ道のり（y）

④ □ 円の直径（x）と円周の長さ（y）

⑤ □ 円の半径（x）と円の面積（y）

⑥ □ きまった道のりを走るランナーの、
分速（x）とかかる時間（y）

2　次の2つの量xとyの関係で比例するものには「比」、反比例するものには「反」、どちらでもないものには「×」をかきましょう。
また、xの値（あたい）が10のときのyの値を、計算してかきましょう。

① □ $x \times y = 30$　　$y =$

② □ $x + y = 30$　　$y =$

③ □ $x - y = 3$　　$y =$

④ □ $y \div x = 2$　　$y =$

⑤ □ $y = 30 \div x$　　$y =$

⑥ □ $y = 30 \times x$　　$y =$

⑦ □ $y = 30 + x$　　$y =$

⑧ □ $y = 30 - x$　　$y =$

比例・反比例習熟プリント

解答　比　例

〈P．3〉　表を横に見る　□倍①

1 ア　2　イ　3　ウ　2

2 ア　4　イ　4　ウ　8　エ　8

3 ア　3　イ　3　ウ　2

4 ア　2　イ　2　ウ　4　エ　4

〈P．4〉　表を横に見る　□倍②

1 ア　$\frac{1}{2}$　イ　$\frac{1}{3}$

2 ア　$\frac{1}{2}$　イ　$\frac{1}{2}$　ウ　$\frac{1}{4}$　エ　$\frac{1}{4}$

3 ア　$\frac{1}{3}$　イ　$\frac{1}{3}$　ウ　$\frac{1}{2}$

4 ア　$\frac{1}{2}$　イ　$\frac{1}{2}$　ウ　$\frac{1}{4}$　エ　$\frac{1}{4}$

〈P．5〉　表を横に見る　□倍③

1 ①

x	1	2	3	4	5	6
y	100	200	300	400	500	600

②　600

2 ①

x	1	2	3	4	5	6
y	20	40	60	80	100	120

②　80　80g

3 ①

x	1	2	3	4	5	6
y	40	80	120	160	200	240

②　40×8=320　320g

〈P．6〉　表を横に見る　□倍④

1 ①

x	1	2	3	4	5	6	7
y	20	40	60	80	100	120	140

②　140

2 ①

x	1	2	3	4	5	6	7
y	80	160	240	320	400	480	560

②　80×4=320　320km

3 ①

x	1	2	3	4	5	6	7
y	150	300	450	600	750	900	1050

②　150×10=1500　1500m

〈P．7〉　表をかく　yを求める①

1 ①

x	5	10	15	20	25	30
y	200	400	600	800	1000	1200

②　40×50=2000　2000円

2 ①

x	2	4	6	8	10	12
y	160	320	480	640	800	960

②　80×30=2400　2400円

3 ①

x	10	20	30	40	50	100
y	200	400	600	800	1000	2000

②　20×80=1600　1600円

4 ①

x	5	10	20	35	50	70
y	150	300	600	1050	1500	2100

②　30×75=2250　2250g

〈P．8〉　表をかく　yを求める②

1 ①

x	5	10	15	20	30	40
y	100	200	300	400	600	800

②　20×50=1000　1000円

2 ①

x	10	20	25	50	60	70
y	80	160	200	400	480	560

②　8×90=720　720m

3 ①

x	20	30	40	80	100	120
y	120	180	240	480	600	720

②　6×150=900　900g

4 ①

x	2	4	8	16	32	64
y	6	12	24	48	96	192

②　3×40=120　120cm

〈P．9〉　表を縦に見る　$y \div x$①

1 10　10　10　10　10　10

2

x	1	2	3	4	5	6
y	15	30	45	60	75	90
$y \div x$	15	15	15	15	15	15

$y \div x = 15$

3

x	1	2	3	4	5	6
y	3	6	9	12	15	18
$y \div x$	3	3	3	3	3	3

$y \div x = 3$

4

x	1	2	3	4	5	6
y	5	10	15	20	25	30
$y \div x$	5	5	5	5	5	5

$y \div x = 5$

〈P．10〉　表を縦に見る　$y \div x$②

1 20　20　20　20　20　20

2

x	5	10	15	20	25	30
y	20	40	60	80	100	120
$y \div x$	4	4	4	4	4	4

$y \div x = 4$

3

x	10	20	30	50	70	100
y	30	60	90	150	210	300
$y \div x$	3	3	3	3	3	3

$y \div x = 3$

4

x	3	5	10	20	40	80
y	12	20	40	80	160	320
$y \div x$	4	4	4	4	4	4

$y \div x = 4$

〈P．11〉　表をかく　きまった数①

1

x	1	2	3	4	5	6
y	3	6	9	12	15	18
$y \div x$	3	3	3	3	3	3

3

2

x	1	2	3	4	5	6
y	20	40	60	80	100	120

20

3 80

x	1	2	3	4	5	6
y	80	160	240	320	400	480

4 150

x	1	2	3	4	5	6
y	150	300	450	600	750	900

〈P．12〉　表をかく　きまった数②

1

x	2	4	6	8	10	12
y	8	16	24	32	40	48

40÷10=4　4

2

x	5	10	25	30	45	50
y	150	300	750	900	1350	1500

150÷5=30　30

30×80=2400　2400g

3

x	1	2	5	6	9	10
y	120	240	600	720	1080	1200

120×12=1440　1440km

4

x	1	2	4	8	16	32
y	200	400	800	1600	3200	6400

200×50=10000　10000m

〈P．13〉　表をかく　xとy①

1

x	1	2	3	4	5	6
y	3	6	9	12	15	18

2

x	1	2	3	4	5	6
y	4	8	12	16	20	24

3

x	1	2	3	4	5	6
y	5	10	15	20	25	30

4

x	1	2	3	4	5	6
y	1.5	3	4.5	6	7.5	9

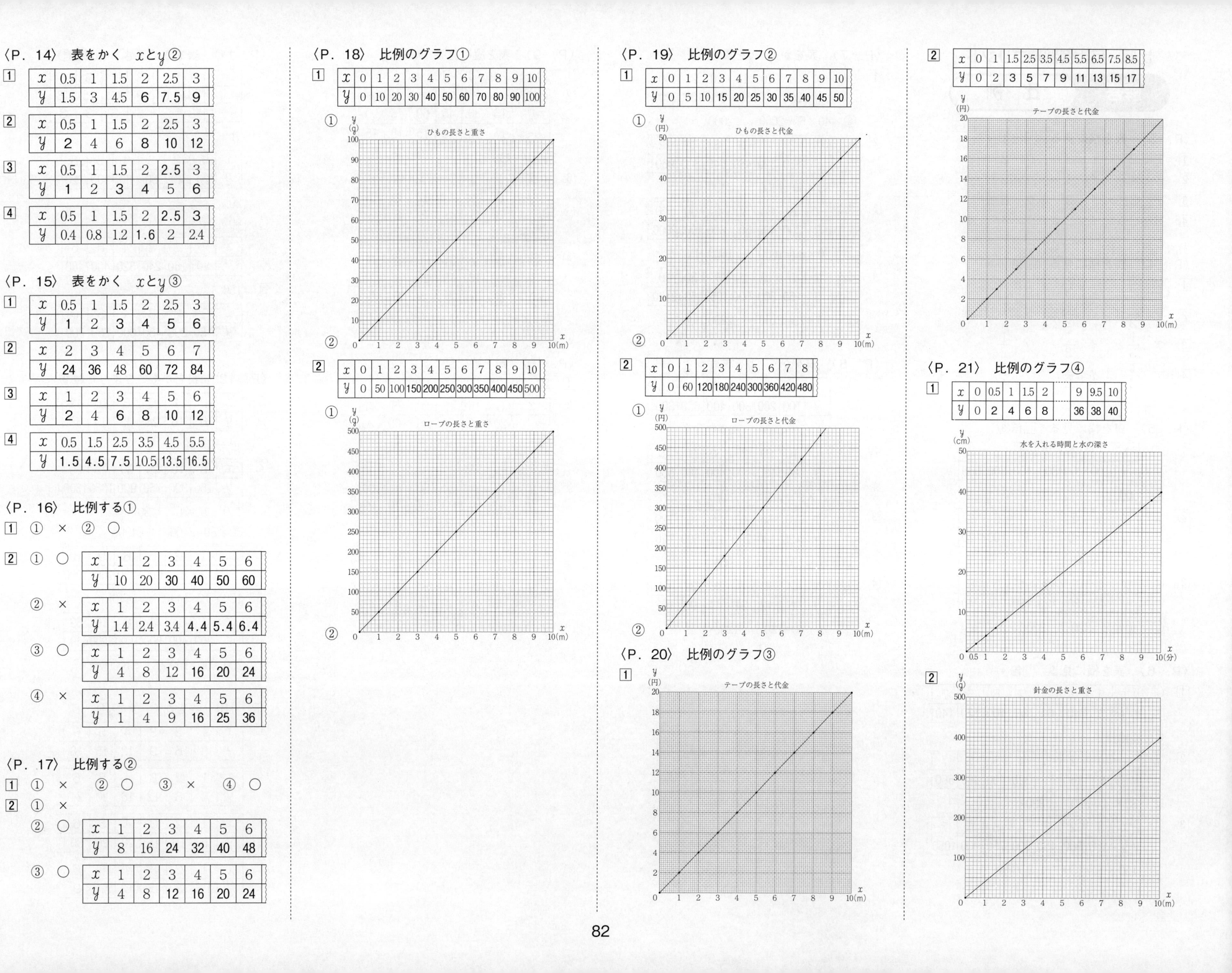

〈P. 14〉 表をかく xとy②

1

x	0.5	1	1.5	2	2.5	3
y	1.5	3	4.5	6	7.5	9

2

x	0.5	1	1.5	2	2.5	3
y	2	4	6	8	10	12

3

x	0.5	1	1.5	2	2.5	3
y	1	2	3	4	5	6

4

x	0.5	1	1.5	2	2.5	3
y	0.4	0.8	1.2	1.6	2	2.4

〈P. 15〉 表をかく xとy③

1

x	0.5	1	1.5	2	2.5	3
y	1	2	3	4	5	6

2

x	2	3	4	5	6	7
y	24	36	48	60	72	84

3

x	1	2	3	4	5	6
y	2	4	6	8	10	12

4

x	0.5	1.5	2.5	3.5	4.5	5.5
y	1.5	4.5	7.5	10.5	13.5	16.5

〈P. 16〉 比例する①

1 ① × ② ○

2 ① ○

x	1	2	3	4	5	6
y	10	20	30	40	50	60

② ×

x	1	2	3	4	5	6
y	1.4	2.4	3.4	4.4	5.4	6.4

③ ○

x	1	2	3	4	5	6
y	4	8	12	16	20	24

④ ×

x	1	2	3	4	5	6
y	1	4	9	16	25	36

〈P. 17〉 比例する②

1 ① × ② ○ ③ × ④ ○

2 ① ×

② ○

x	1	2	3	4	5	6
y	8	16	24	32	40	48

③ ○

x	1	2	3	4	5	6
y	4	8	12	16	20	24

〈P. 18〉 比例のグラフ①

1

x	0	1	2	3	4	5	6	7	8	9	10
y	0	10	20	30	40	50	60	70	80	90	100

①

②

2

x	0	1	2	3	4	5	6	7	8	9	10
y	0	50	100	150	200	250	300	350	400	450	500

①

②

〈P. 19〉 比例のグラフ②

1

x	0	1	2	3	4	5	6	7	8	9	10
y	0	5	10	15	20	25	30	35	40	45	50

①

②

2

x	0	1	2	3	4	5	6	7	8
y	0	60	120	180	240	300	360	420	480

①

②

〈P. 20〉 比例のグラフ③

1

2

x	0	1	1.5	2.5	3.5	4.5	5.5	6.5	7.5	8.5
y	0	2	3	5	7	9	11	13	15	17

〈P. 21〉 比例のグラフ④

1

x	0	0.5	1	1.5	2		9	9.5	10
y	0	2	4	6	8		36	38	40

2

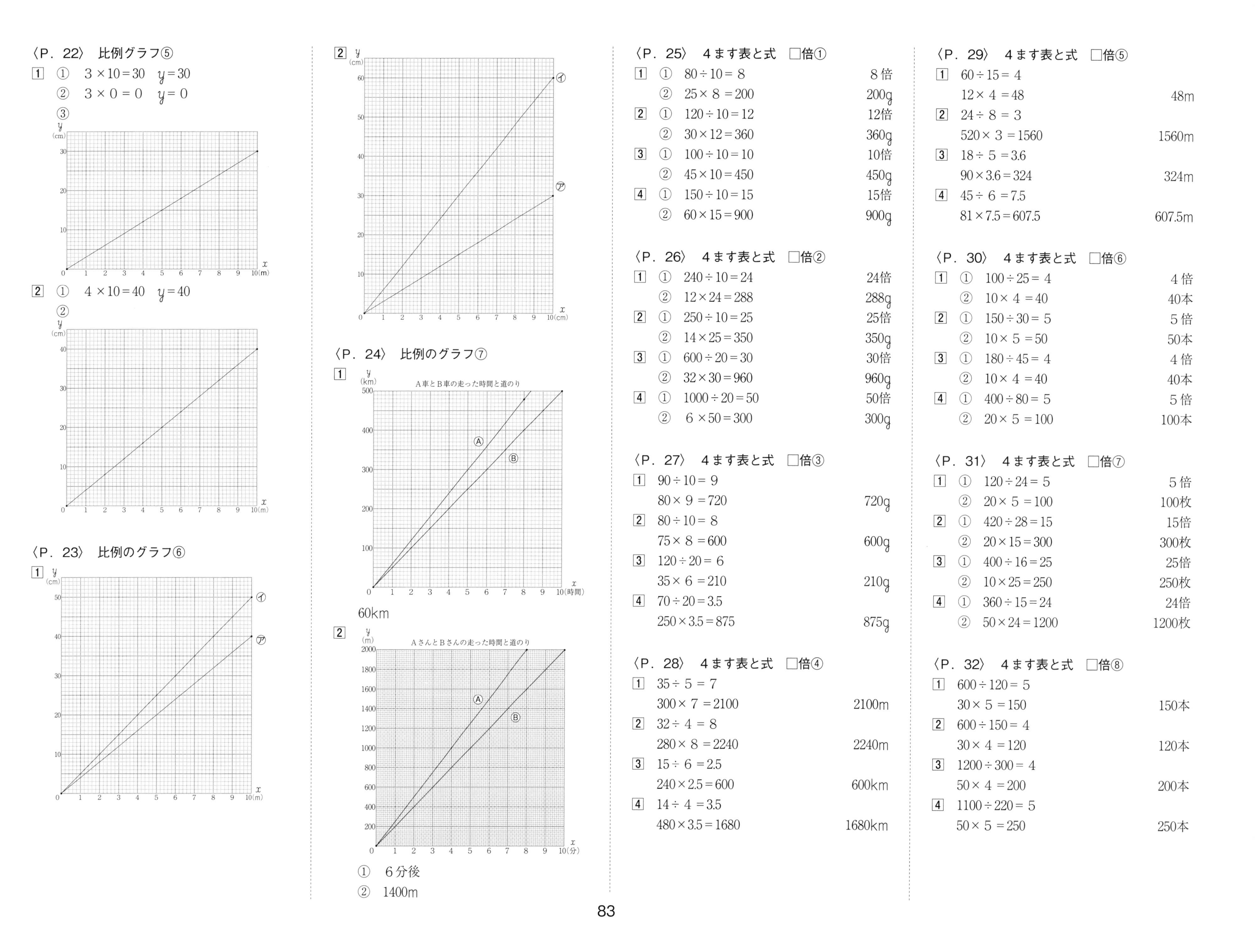

〈P．22〉 比例グラフ⑤

1 ① $3\times10=30$　$y=30$
② $3\times0=0$　$y=0$
③

2 ① $4\times10=40$　$y=40$
②

〈P．23〉 比例のグラフ⑥

1

2

〈P．24〉 比例のグラフ⑦

1 A車とB車の走った時間と道のり

60km

2 AさんとBさんの走った時間と道のり

① 6分後
② 1400m

〈P．25〉 4ます表と式 □倍①

1	①	$80\div10=8$	8倍
	②	$25\times8=200$	200g
2	①	$120\div10=12$	12倍
	②	$30\times12=360$	360g
3	①	$100\div10=10$	10倍
	②	$45\times10=450$	450g
4	①	$150\div10=15$	15倍
	②	$60\times15=900$	900g

〈P．26〉 4ます表と式 □倍②

1	①	$240\div10=24$	24倍
	②	$12\times24=288$	288g
2	①	$250\div10=25$	25倍
	②	$14\times25=350$	350g
3	①	$600\div20=30$	30倍
	②	$32\times30=960$	960g
4	①	$1000\div20=50$	50倍
	②	$6\times50=300$	300g

〈P．27〉 4ます表と式 □倍③

1	$90\div10=9$	
	$80\times9=720$	720g
2	$80\div10=8$	
	$75\times8=600$	600g
3	$120\div20=6$	
	$35\times6=210$	210g
4	$70\div20=3.5$	
	$250\times3.5=875$	875g

〈P．28〉 4ます表と式 □倍④

1	$35\div5=7$	
	$300\times7=2100$	2100m
2	$32\div4=8$	
	$280\times8=2240$	2240m
3	$15\div6=2.5$	
	$240\times2.5=600$	600km
4	$14\div4=3.5$	
	$480\times3.5=1680$	1680km

〈P．29〉 4ます表と式 □倍⑤

1	$60\div15=4$	
	$12\times4=48$	48m
2	$24\div8=3$	
	$520\times3=1560$	1560m
3	$18\div5=3.6$	
	$90\times3.6=324$	324m
4	$45\div6=7.5$	
	$81\times7.5=607.5$	607.5m

〈P．30〉 4ます表と式 □倍⑥

1	①	$100\div25=4$	4倍
	②	$10\times4=40$	40本
2	①	$150\div30=5$	5倍
	②	$10\times5=50$	50本
3	①	$180\div45=4$	4倍
	②	$10\times4=40$	40本
4	①	$400\div80=5$	5倍
	②	$20\times5=100$	100本

〈P．31〉 4ます表と式 □倍⑦

1	①	$120\div24=5$	5倍
	②	$20\times5=100$	100枚
2	①	$420\div28=15$	15倍
	②	$20\times15=300$	300枚
3	①	$400\div16=25$	25倍
	②	$10\times25=250$	250枚
4	①	$360\div15=24$	24倍
	②	$50\times24=1200$	1200枚

〈P．32〉 4ます表と式 □倍⑧

1	$600\div120=5$	
	$30\times5=150$	150本
2	$600\div150=4$	
	$30\times4=120$	120本
3	$1200\div300=4$	
	$50\times4=200$	200本
4	$1100\div220=5$	
	$50\times5=250$	250本

〈P. 33〉 4ます表と式 □倍⑨

1 1350÷300＝4.5
5×4.5＝22.5 22.5分
2 1820÷280＝6.5
4×6.5＝26 26分
3 600÷240＝2.5
6×2.5＝15 15時間
4 1260÷360＝3.5
3×3.5＝10.5 10.5時間

〈P. 34〉 4ます表と式 □倍⑩

1 1560÷520＝3
8×3＝24 24分
2 54÷12＝4.5
15×4.5＝67.5 67.5秒
3 1656÷138＝12
15×12＝180 180秒
4 1440÷225＝6.4
15×6.4＝96 96秒

〈P. 35〉 4ます表と式 □倍⑪

1 35÷5＝7
420×7＝2940 2940円
2 24÷6＝4
480×4＝1920 1920円
3 32÷4＝8
500×8＝4000 4000円
4 60÷4＝15
580×15＝8700 8700円

〈P. 36〉 4ます表と式 □倍⑫

1 18÷3＝6
480×6＝2880 2880m
2 54÷6＝9
15×9＝135 135km
3 32÷4＝8
650×8＝5200 5200m
4 48÷4＝12
34×12＝408 408m

〈P. 37〉 4ます表と式 □倍⑬

1 1680÷210＝8
6×8＝48 48個
2 1764÷252＝7
6×7＝42 42個
3 1728÷72＝24
4×24＝96 96枚
4 7776÷288＝27
3×27＝81 81冊

〈P. 38〉 4ます表と式 □倍⑭

1 4270÷610＝7
4×7＝28 28分
2 224÷16＝14
5×14＝70 70分
3 1950÷130＝15
8×15＝120 120秒
4 342÷9＝38
6×38＝228 228分

〈P. 39〉 4ます表と式 $y÷x$①

1 24÷20＝1.2
1.2×240＝288 288g
2 28÷20＝1.4
1.4×250＝350 350g
3 16÷10＝1.6
1.6×240＝384 384g
4 3÷10＝0.3
0.3×1000＝300 300g

〈P. 40〉 4ます表と式 $y÷x$②

1 900÷120＝7.5
7.5×300＝2250 2250円
2 8÷5＝1.6
1.6×18＝28.8 28.8kg
3 72÷80＝0.9
0.9×500＝450 450g
4 162÷36＝4.5
4.5×150＝675 675g

〈P. 41〉 4ます表と式 $y÷x$③

1 780÷12＝65
65×80＝5200 5200m
2 1020÷15＝68
68×35＝2380 2380m
3 180÷4.5＝40
40×7＝280 280km
4 144÷3.2＝45
45×5.8＝261 261km

〈P. 42〉 4ます表と式 $y÷x$④

1 100÷25＝4
4×15＝60 60km
2 90÷30＝3
3×25＝75 75km
3 70÷20＝3.5
3.5×14＝49 49km
4 112÷40＝2.8
2.8×25＝70 70km

〈P. 43〉 4ます表と式 $y÷x$⑤

1 240÷8＝30
30×3＝90 90g
2 68÷85＝0.8
0.8×40＝32 32g
3 21÷7＝3
3×4＝12 12kg
4 22÷8＝2.75
2.75×3＝8.25 8.25kg

〈P. 44〉 4ます表と式 $y÷x$⑥

1 12÷10＝1.2
288÷1.2＝240 240枚
2 14÷10＝1.4
350÷1.4＝250 250枚
3 32÷20＝1.6
960÷1.6＝600 600枚
4 6÷20＝0.3
300÷0.3＝1000 1000枚

〈P. 45〉 4ます表と式 $y÷x$⑦

1 2.4÷4＝0.6
3÷0.6＝5 5dL
2 2.5÷5＝0.5
3.5÷0.5＝7 7dL
3 2.7÷6＝0.45
3.6÷0.45＝8 8dL
4 2.2÷4＝0.55
3.3÷0.55＝6 6dL

〈P. 46〉 4ます表と式 $y÷x$⑧

1 148÷2＝74
370÷74＝5 5時間
2 120÷3＝40
220÷40＝5.5 5.5時間
3 780÷30＝26
1950÷26＝75 75秒
4 256÷8＝32
1120÷32＝35 35秒

〈P. 47〉 4ます表と式 $y÷x$⑨

1 120÷24＝5
35÷5＝7 7分
2 180÷60＝3
45÷3＝15 15分
3 200÷50＝4
140÷4＝35 35分
4 270÷45＝6
210÷6＝35 35分

〈P. 48〉 4ます表と式 $y÷x$⑩

1 90÷5＝18
54÷18＝3 3L
2 168÷6＝28
140÷28＝5 5L
3 225÷10＝22.5
90÷22.5＝4 4L
4 196÷8＝24.5
147÷24.5＝6 6L

〈P．49〉　4ます表と式　$y \div x$ ⑪

1　3 ÷ 2 = 1.5
　1.5 × 15 = 22.5　　22.5L

2　1 ÷ 2 = 0.5
　0.5 × 25 = 12.5　　12.5L

3　2100 ÷ 3 = 700
　700 × 25 = 17500　　17500mL

4　720 ÷ 3 = 240
　240 × 35 = 8400　　8400mL

〈P．50〉　4ます表と式　$y \div x$ ⑫

1　24 ÷ 2 = 12
　12 × 5 = 60　　60km

2　15 ÷ 6 = 2.5
　2.5 × 40 = 100　　100km

3　700 ÷ 4 = 175
　175 × 30 = 5250　　5250m

4　34 ÷ 4 = 8.5
　8.5 × 45 = 382.5　　382.5m

〈P．51〉　4ます表と式　$y \div x$ ⑬

1　48 ÷ 6 = 8
　1400 ÷ 8 = 175　　175本

2　45 ÷ 5 = 9
　1485 ÷ 9 = 165　　165本

3　56 ÷ 8 = 7
　1274 ÷ 7 = 182　　182本

4　48 ÷ 4 = 12
　1860 ÷ 12 = 155　　155本

〈P．52〉　4ます表と式　$y \div x$ ⑭

1　600 ÷ 4 = 150
　2250 ÷ 150 = 15　　15分

2　15 ÷ 5 = 3
　102 ÷ 3 = 34　　34分

3　80 ÷ 5 = 16
　1024 ÷ 16 = 64　　64秒

4　7 ÷ 5 = 1.4
　119 ÷ 1.4 = 85　　85分

解答　反比例

〈P．53〉　表を横に見る　□倍①

1　省略

2　①　ア $\frac{1}{2}$　イ $\frac{1}{3}$　ウ $\frac{1}{3}$
　②　ア $\frac{1}{2}$　イ $\frac{1}{3}$　ウ $\frac{1}{6}$

〈P．54〉　表を横に見る　□倍②

1　省略

2　①　ア $\frac{1}{2}$　イ $\frac{1}{3}$　ウ $\frac{1}{6}$
　②　ア $\frac{1}{2}$　イ $\frac{1}{5}$　ウ $\frac{1}{2}$

〈P．55〉　表を横に見る　□倍③

1　省略

2　①　ア $\frac{1}{3}$　イ $\frac{1}{6}$　ウ $\frac{1}{9}$
　②　ア $\frac{1}{2}$　イ $\frac{1}{3}$　ウ $\frac{1}{3}$

〈P．56〉　表を横に見る　□倍④

1　①　ア 3　イ 3　ウ 2
　②　ア 3　イ 2　ウ 9

2　①　ア $\frac{1}{2}$　イ $\frac{1}{4}$　ウ $\frac{1}{8}$
　②　ア 2　イ 4　ウ 8

〈P．57〉　表を縦に見る　$x \times y$ ①

1　①

x	①	②	③	④	⑤	⑥
y	⑫	⑥	④	③	2.4	②
$x \times y$	12	12	12	12	12	12

　②　ア　12 ÷ 2.5 = 4.8　イ　12 ÷ 8 = 1.5
　　ウ　12 ÷ 10 = 1.2

2　①

x	1	2	3	4	5	6
y	18	9	6	4.5	3.6	3
$x \times y$	18	18	18	18	18	18

　②　$x \times y = 18$　$y = 18 \div x$
　③　ア　18 ÷ 2.5 = 7.2　イ　18 ÷ 4.5 = 4
　　ウ　18 ÷ 7.5 = 2.4

〈P．58〉　表を縦に見る　$x \times y$ ②

1　①

x	1	2	3	4	5	6
y	24	12	8	6	4.8	4
$x \times y$	24	24	24	24	24	24

　②　$x \times y = 24$　$y = 24 \div x$
　③　ア　24 ÷ 2.5 = 9.6　イ　24 ÷ 7.5 = 3.2
　　ウ　24 ÷ 15 = 1.6

2　①

x	1	2	3	4	5	6
y	36	18	12	9	7.2	6
$x \times y$	36	36	36	36	36	36

　②　$x \times y = 36$　$y = 36 \div x$
　③　ア　36 ÷ 4.5 = 8　イ　36 ÷ 7.5 = 4.8
　　ウ　36 ÷ 15 = 2.4

〈P．59〉　表を縦に見る　$x \times y$ ③

1　①

x	1	2	3	4	6	8
y	24	12	8	6	4	3
$x \times y$	24	24	24	24	24	24

　②　$x \times y = 24$　$y = 24 \div x$
　③　ア　24 ÷ 1.5 = 16　イ　24 ÷ 7.5 = 3.2
　　ウ　24 ÷ 16 = 1.5

2　①

x	1	3	4	8	10	15
y	48	16	12	6	4.8	3.2
$x \times y$	48	48	48	48	48	48

　②　$x \times y = 48$　$y = 48 \div x$
　③　ア　48 ÷ 7.5 = 6.4　イ　48 ÷ 15 = 3.2
　　ウ　48 ÷ 32 = 1.5

〈P．60〉　表を縦に見る　$x \times y$ ④

1　①

x	10	20	30	40	50	60
y	12	6	4	3	2.4	2

　②　$x \times y = 120$　$y = 120 \div x$
　③　ア　120 ÷ 15 = 8　イ　120 ÷ 25 = 4.8
　　ウ　120 ÷ 80 = 1.5

2　①

x	10	20	30	40	50	60
y	24	12	8	6	4.8	4

　②　$x \times y = 240$　$y = 240 \div x$
　③　ア　240 ÷ 25 = 9.6　イ　240 ÷ 32 = 7.5
　　ウ　240 ÷ 75 = 3.2

〈P．61〉　反比例する①

1　①　×　②　反

2　①　×　②　×　③　反　④　反

〈P．62〉　反比例する②

1　①　×　②　反　③　×　④　反

2　①　比　②　反　③　反　④　比

〈P．63〉　表とx，yの式①

1　①

x	1	2	3	4	6	8	12
y	24	12	8	6	4	3	2

　②　$x \times y = 24$
　　$y = 24 \div x$

2　①

x	1	2	3		8	12	24
y	24	12	8		3	2	1

　②　$x \times y = 24$
　　$y = 24 \div x$

3　①

x	1	2	4	5	8	16	32
y	32	16	8	6.4	4	2	1

　②　$x \times y = 32$
　　$y = 32 \div x$

4　①

x	1	2	3	4	6	9	12
y	36	18	12	9	6	4	3

　②　$x \times y = 36$
　　$y = 36 \div x$

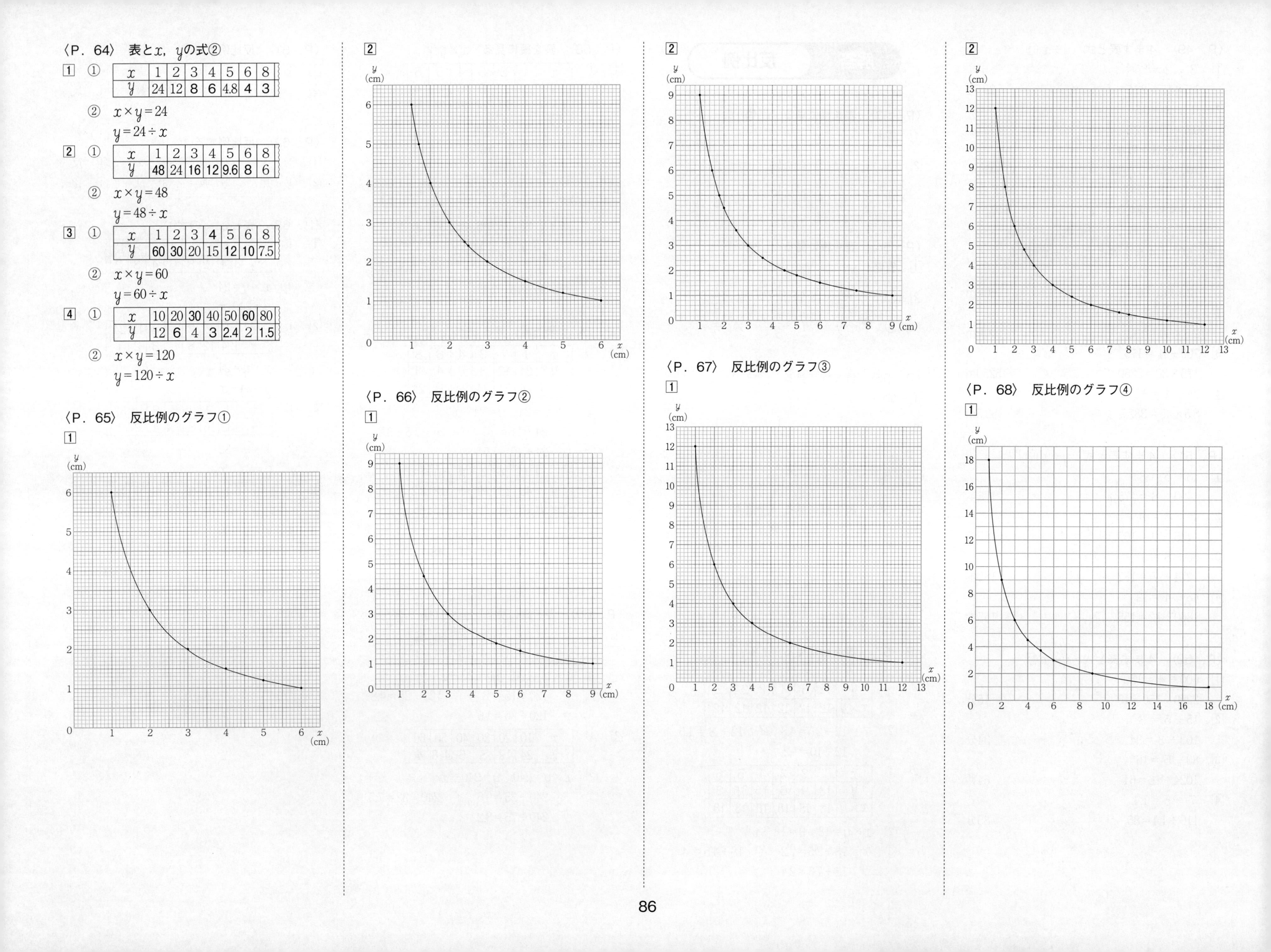

〈P．64〉 表とx，yの式②

1 ①

x	1	2	3	4	5	6	8
y	24	12	8	6	4.8	4	3

② $x \times y = 24$

$y = 24 \div x$

2 ①

x	1	2	3	4	5	6	8
y	48	24	16	12	9.6	8	6

② $x \times y = 48$

$y = 48 \div x$

3 ①

x	1	2	3	4	5	6	8
y	60	30	20	15	12	10	7.5

② $x \times y = 60$

$y = 60 \div x$

4 ①

x	10	20	30	40	50	60	80
y	12	6	4	3	2.4	2	1.5

② $x \times y = 120$

$y = 120 \div x$

〈P．65〉 反比例のグラフ①

1

2

〈P．66〉 反比例のグラフ②

1

2

〈P．67〉 反比例のグラフ③

1

2

〈P．68〉 反比例のグラフ④

1

2

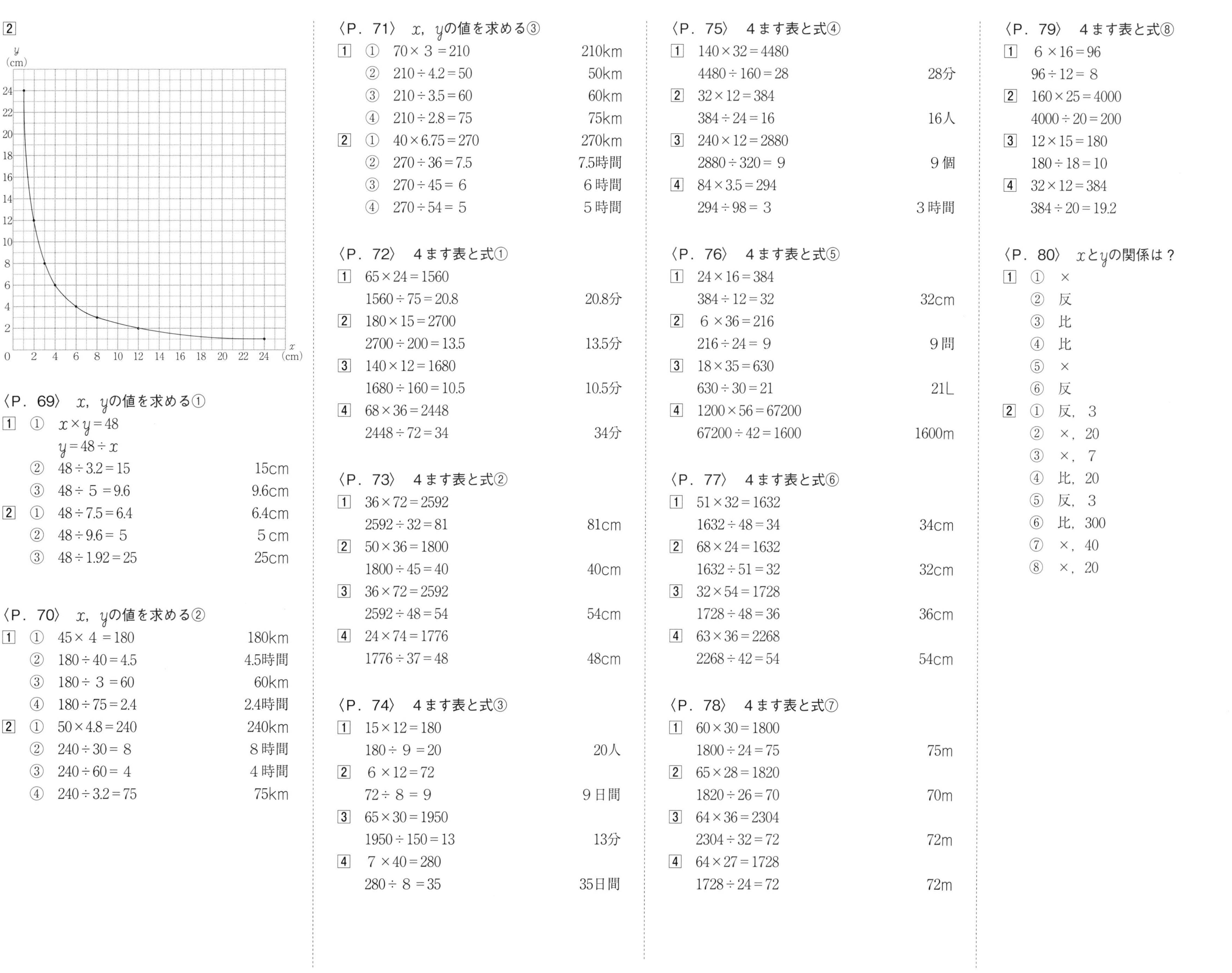

〈P．69〉 x，yの値を求める①

1 ① $x \times y = 48$
　$y = 48 \div x$
② $48 \div 3.2 = 15$ 15cm
③ $48 \div 5 = 9.6$ 9.6cm

2 ① $48 \div 7.5 = 6.4$ 6.4cm
② $48 \div 9.6 = 5$ 5 cm
③ $48 \div 1.92 = 25$ 25cm

〈P．70〉 x，yの値を求める②

1 ① $45 \times 4 = 180$ 180km
② $180 \div 40 = 4.5$ 4.5時間
③ $180 \div 3 = 60$ 60km
④ $180 \div 75 = 2.4$ 2.4時間

2 ① $50 \times 4.8 = 240$ 240km
② $240 \div 30 = 8$ 8時間
③ $240 \div 60 = 4$ 4時間
④ $240 \div 3.2 = 75$ 75km

〈P．71〉 x，yの値を求める③

1 ① $70 \times 3 = 210$ 210km
② $210 \div 4.2 = 50$ 50km
③ $210 \div 3.5 = 60$ 60km
④ $210 \div 2.8 = 75$ 75km

2 ① $40 \times 6.75 = 270$ 270km
② $270 \div 36 = 7.5$ 7.5時間
③ $270 \div 45 = 6$ 6時間
④ $270 \div 54 = 5$ 5時間

〈P．72〉 4ます表と式①

1 $65 \times 24 = 1560$
　$1560 \div 75 = 20.8$ 20.8分

2 $180 \times 15 = 2700$
　$2700 \div 200 = 13.5$ 13.5分

3 $140 \times 12 = 1680$
　$1680 \div 160 = 10.5$ 10.5分

4 $68 \times 36 = 2448$
　$2448 \div 72 = 34$ 34分

〈P．73〉 4ます表と式②

1 $36 \times 72 = 2592$
　$2592 \div 32 = 81$ 81cm

2 $50 \times 36 = 1800$
　$1800 \div 45 = 40$ 40cm

3 $36 \times 72 = 2592$
　$2592 \div 48 = 54$ 54cm

4 $24 \times 74 = 1776$
　$1776 \div 37 = 48$ 48cm

〈P．74〉 4ます表と式③

1 $15 \times 12 = 180$
　$180 \div 9 = 20$ 20人

2 $6 \times 12 = 72$
　$72 \div 8 = 9$ 9日間

3 $65 \times 30 = 1950$
　$1950 \div 150 = 13$ 13分

4 $7 \times 40 = 280$
　$280 \div 8 = 35$ 35日間

〈P．75〉 4ます表と式④

1 $140 \times 32 = 4480$
　$4480 \div 160 = 28$ 28分

2 $32 \times 12 = 384$
　$384 \div 24 = 16$ 16人

3 $240 \times 12 = 2880$
　$2880 \div 320 = 9$ 9個

4 $84 \times 3.5 = 294$
　$294 \div 98 = 3$ 3時間

〈P．76〉 4ます表と式⑤

1 $24 \times 16 = 384$
　$384 \div 12 = 32$ 32cm

2 $6 \times 36 = 216$
　$216 \div 24 = 9$ 9問

3 $18 \times 35 = 630$
　$630 \div 30 = 21$ 21L

4 $1200 \times 56 = 67200$
　$67200 \div 42 = 1600$ 1600m

〈P．77〉 4ます表と式⑥

1 $51 \times 32 = 1632$
　$1632 \div 48 = 34$ 34cm

2 $68 \times 24 = 1632$
　$1632 \div 51 = 32$ 32cm

3 $32 \times 54 = 1728$
　$1728 \div 48 = 36$ 36cm

4 $63 \times 36 = 2268$
　$2268 \div 42 = 54$ 54cm

〈P．78〉 4ます表と式⑦

1 $60 \times 30 = 1800$
　$1800 \div 24 = 75$ 75m

2 $65 \times 28 = 1820$
　$1820 \div 26 = 70$ 70m

3 $64 \times 36 = 2304$
　$2304 \div 32 = 72$ 72m

4 $64 \times 27 = 1728$
　$1728 \div 24 = 72$ 72m

〈P．79〉 4ます表と式⑧

1 $6 \times 16 = 96$
　$96 \div 12 = 8$ 8人

2 $160 \times 25 = 4000$
　$4000 \div 20 = 200$ 200m

3 $12 \times 15 = 180$
　$180 \div 18 = 10$ 10個

4 $32 \times 12 = 384$
　$384 \div 20 = 19.2$ 19.2m

〈P．80〉 xとyの関係は？

1 ① ×
② 反
③ 比
④ 比
⑤ ×
⑥ 反

2 ① 反，3
② ×，20
③ ×，7
④ 比，20
⑤ 反，3
⑥ 比，300
⑦ ×，40
⑧ ×，20

単元別 まるわかり！シリーズ10
比例・反比例習熟プリント

2021年４月10日　発行

著　者　三　木　俊　一
発行者　面　屋　　洋
企　画　フォーラム・A
発行所　清 風 堂 書 店
〒530-0057　大阪市北区曽根崎２−11−16
電 話（06）6316-1460
FAX（06）6365-5607
振 替 00920-6-119910

制作担当　田邉光喜・樫内真名生

表紙デザイン・ウエナカデザイン事務所 ☆☆☆
印刷・㈱関西共同印刷所 2122
製本・㈱髙廣製本